文系のための
東大の先生が教える

70

JN026456

の取扱説明書

監修
飯島勝矢
東京大学教授

はじめに

　超高齢社会が進むなかで，「人生100年時代」ともいわれる世の中になってきました。しかし，どんな人も加齢にともない，さまざまな老いのサインを感じております。いつまでも元気で心身機能を維持しながら，自立した日常生活を過ごしたい。これはすべての国民の願いなのでしょう。いわゆる『健康長寿の実現』です。

　そのために自分自身がどのような意識を持ち，どう日常生活をアレンジできるのでしょうか。そして，高齢期だけではなく，より若い時期から何に配慮していくべきなのでしょうか。それ以前に，我々にはどのような老化現象が多様におこり，心身機能が低下してしまうのでしょうか。その避けられないさまざまな身体的な衰えに対して，どのような負の連鎖がおこり，自立度も低下してしまうのでしょうか。まだまだ身体の老化には未解明かつ神秘的な部分が多く残っています。

　まさに本書は，その謎をわかりやすく解説しております。日々進化する最先端の老化研究からの科学的根拠（エビデンス）を踏まえながら，老いることの意味を改めて問い直し，『ならば健康に老いるためには』という取扱説明書を示しております。それは，決して暦年齢で65歳という高齢期から始めるだけではなく，もっともっと手前の世代から最新の根拠に裏付けられた情報を知り，自身の日常生活に反映していってほしいのです。本書を読んでいただいた方々において，必ずワンランク上の自分に出会うことができることを祈っております。

監修
東京大学高齢社会総合研究機構機構長・
未来ビジョン研究センター教授
飯島勝矢

目次

1 時間目 "老いる"って どういうこと?

STEP 1
70歳は老化の転機

変わりゆく"老化"の概念 14

私たちは70歳で大きな転機を経験する 18

「健康に長生きする」ことが大事 21

健常と要介護のあいだ「フレイル」 26

STEP 2
老いてゆく体と心

脳の老化は20代からはじまっている！ 32

脳は，老化しやすいところとしにくいところがある 35

加齢の影響を受けやすい記憶と受けにくい記憶がある 38

「しみ・しわ・たるみ」わかりやすい皮膚の老化 44

健康寿命をおびやかす，骨と筋肉の衰え 50

目と耳の老化は加齢によって進みやすい 56

生活の質が影響！　消化器官の老化 64

免疫力が衰えると感染症のリスクが上がる 70

睡眠リズムの変化も排尿トラブルも加齢が引きおこす 75

細胞の老化はがんにも関係している 81

老化するのは，新たに細胞がつくりだせなくなるから 86

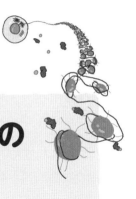

2時間目 "老化と長寿"の メカニズム

STEP 1

老化と遺伝子

「長寿遺伝子」が寿命をのばす!? 92

110歳まで"健康に"生きる「スーパーセンテナリアン」..............98

「スーパーセンテナリアン」がもっている遺伝子とは.................103

細胞の傷が積もり積もって老化を引きおこす.....................109

健康寿命の鍵をにぎるBubR1遺伝子.............................111

テロメラーゼ酵素が細胞の老化を止める..............................116

老化にかかわるエピジェネティクス..120

遺伝子の老化の度合いから「生物学的年齢」を割りだす..........125

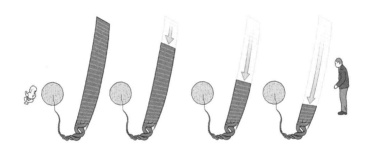

3時間目 "健康に老いる" ために

STEP 1

検査数値で老いの徴候をキャッチ！

高齢になるほど健康状態の定義はむずかしい 130

前年度の検査数値から1～2割変化したら要注意！ 135

見逃せない，体重と血圧 143

検査の数値ときちんと向き合おう 146

「予防」の考えも取り入れよう 148

歯周病が加齢性疾患の原因になる!? 151

基礎代謝を上げて筋肉量をふやす！ 158

高齢者におすすめ「スロートレーニング」 163

運動は老化の万能薬！ 167

食事日記をつけて摂取カロリーを把握 170

種類の多い食事は認知症を防ぐ 173

よりよい睡眠でアミロイドβを排出する 176

偉人伝① 脳の病気を発見，アロイス・アルツハイマー 180

STEP 2
老いとともに変わりゆく心

老化は心理にも影響をおよぼす 182

気づきにくい高齢者のうつ病 187

高齢になると，物事を直感的に判断しがち 192

高齢者が転倒しやすいのも，知覚が関係している 197

身体機能は衰えても判断力は衰えにくい 201

体は衰えるが，幸福度は上がる！ 206

できないことは無理しない「SOC理論」 210

年を重ねるごとに前向きなことを記憶しやすくなる.................. 216

年を重ねるごとに心は丸くなる 222

心は生涯発達する〜超高齢者の心理 227

STEP 3
老いを楽しもう!

「私はまだ若い!」の気持ちが死亡リスクを下げる 236

ありのままを受け入れる「マインドフルネス」 241

いくつになっても,夢をもとう! 246

できるだけ長く社会とかかわろう! 252

4時間目 進化する老化研究

STEP 1

"不老不死"は実現する!?

すべての種に当てはまる老化のパターンはない 260

ゾウの細胞のしくみを人間のがん治療に応用!? 264

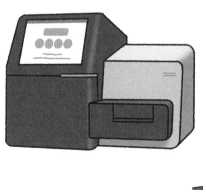

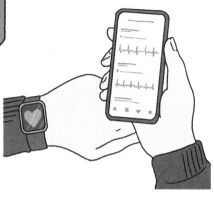

不老不死の薬は夢ではないかもしれない 270

人類の老化の鍵をにぎる，ヒトゲノムのダークマター 273

「先回り」して病気を回避！ 276

人間の寿命はどこまでのびる？ 283

「永遠に美しく」は薬で実現できるのか 288

「老い」はなくなるのか？ 294

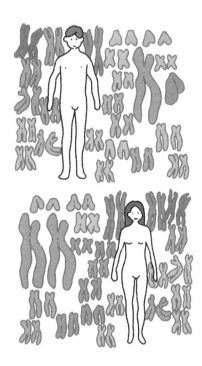

とうじょうじんぶつ

飯島勝矢先生
東京大学で老年医学を
教えている先生

文系会社員（27歳）
理系分野を学び直そうと
奮闘している

1

時間目

“老いる”って
どういうこと？

70歳は老化の転機

超高齢化社会をむかえつつある今,「70歳」は老化の転機と考えられるようになっています。老いてもなお充実した人生を送るためには,70歳からの過ごし方が鍵となるようです。

変わりゆく"老化"の概念

この前,学生時代の友だちと久しぶりに会ったんですよ。なつかしいメンツが集まったので,久々に徹夜で飲み明かしたんですけど,翌日はもう,疲れが残って動けませんでした。若いころはそのままバイトに行ったりしていたのが信じられませんよ。お酒のせいもあったんでしょうけど,私も年をとったなぁ……。

いやいや,まだまだお若いのにそれはないでしょう。あなたが年をとったなんて言ったら,私はどうなっちゃうんですか。

でも先生，人は老いるものでしょう？　私も学生時代よりは確実に年をとっているわけじゃないですか。

確かに，すべての生き物は，年月を重ねるにしたがって体のいろいろなところの能力が低下していきます。老化とは，加齢によって全身の能力が低下することをいうんですね。
そして，人はやがて死んでいくわけです。

でしょう？　老いからのがれることなんて，生まれた瞬間からできないってことですよね。

そうですね。すべての生き物が「死」からのがれられないように，老いからのがれることもまた不可能といえます。**なぜなら，生命活動をいとなむこと自体が，老化を進める場合があるからです。**

生命活動自体が老化を進めるって，どういうことです？

細胞内でエネルギーを生みだす際に，副産物として活性酸素ができます。これがDNAなどを傷つけるんですね。活性酸素がDNAを傷つけることを酸化ストレスといい，このストレスが老化をまねくんです。

わー！　じゃあもう，老化にあらがうことは不可能なんですねえ。

ええ，まあ，今まではそう考えられてきました。

えっ？ "今までは"って，じゃあ今はちがうんですか？

はい。実は近年，さまざまな老化現象のしくみが明らかになりつつあり，老化を防ぐ物質や遺伝子などがみつかりはじめているんです。

本当ですか!?

本当ですよ。これらをもちいて，老化をまるで病気のように"治療"しようとする試みもはじまっています。もしかすると，老化という概念も変わっていくのかもしれません。

老化を治療ですって？

実際に，医療の進歩や衛生状態の改善によって，人の寿命は大幅に長くなりました。今後の科学の発展次第では，さらに数十年，寿命がのびると考える人たちもいます。

日本人の平均寿命が長くなったって，ニュースでも言ってました。さらに数十年ものびるって……，100歳なんて軽々こえてしまうのではないですか。

そうですね。でも，たとえ寿命がのびても，ただ寝たきりの期間がのびるだけだとしたらどうでしょうか。

それは……微妙ですね。寝たまま数十年も過ごすのはつらいです。

そうですよね。人生を謳歌するという視点からすると，ただ寿命がのびるだけ，というのは好ましくありません。

確かに！

ですから，**単に「長生きをする」のではなく，「元気で健康な老後を過ごす」という目標は，これからさらに重要になってきます。**
だからこそ，寿命がのびても「健康に長生きする」という目標に向けて，さまざまな研究が進められているわけなのです。

なるほど。年をとったとはいえ，気持ちのどこかで老後なんてまだまだ先だと思っていました。老いについて，もっとよく知りたいです！

ではこれから，老いていくとはどういうことか，見ていきましょうか。

よろしくお願いします！

私たちは70歳で大きな転機を経験する

ところで，何歳から高齢者と定義されているか，ご存じですか？

えーと，65歳からではなかったでしょうか？

そうです。現在，日本を含む多くの国では65歳以上を「高齢者」と定義しています。しかし，2017年1月，日本老年医学会を中心とした日本老年学会が高齢者の定義と区分に関する，大きな提言をおこないました。

どういった提言なんでしょう？

この提言は，65〜74歳を准高齢者，75〜89歳を高齢者※，90歳以上を超高齢者にしようというものです。つまり，**高齢者の定義を従来の65歳以上から75歳以上に引き上げようというのです。**

どうしてですか？

この提言の背景には，まず，日本人の平均寿命がのび続けていること，さらには昔にくらべて元気な高齢者がふえてきていることがあります。
平均寿命でいうと，1950年の時点では，日本人の平均寿命は男性が59.57歳，女性は62.97歳でしたが，現在では，男性が81.05歳，女性が87.09歳となっています（簡易生命表 令和4年）。

※：高齢者の定義は，住居の安全確保や医療などを定めた法律によっては若干ことなっています。

1950年は男性が59.57歳なんて，信じられません！　平均寿命はこんなにのびているんですね。

それだけではありませんよ。現在の70歳は，昔の70歳とくらべて若々しいことを示すデータもあります。
このグラフを見てください。これは文部科学省がおこなった新体力テスト（65歳以上）の合計点の推移を示したものです。体力テストのスコアは，「握力」「上体おこし」「長座体前屈」「開眼片足立ち」「10メートル障害物歩行」「6分間歩行」の6項目の成績から算出しています。

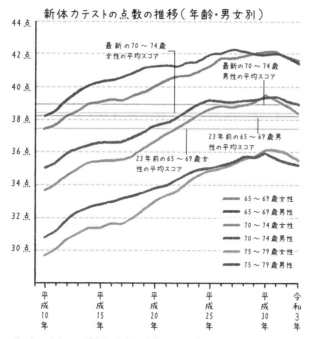

新体力テストの点数の推移（年齢・男女別）

最新の70〜74歳女性の平均スコア

最新の70〜74歳男性の平均スコア

23年前の65〜69歳男性の平均スコア

23年前の65〜69歳女性の平均スコア

― 65〜69歳女性
― 65〜69歳男性
― 70〜74歳女性
― 70〜74歳男性
― 75〜79歳女性
― 75〜79歳男性

出典：令和3年度体力・運動能力調査の概要（文部科学省）

グラフが右肩上がりになってますね！

そうでしょう。**中でも注目していただきたいのは，70 〜 74歳の最新（令和3年）のスコアが，23年前（平成10年）の 65 〜 69歳のスコアよりも高いという点です。**

本当だ！　ということは，今の70 〜 74歳は，23年前の 65 〜 69歳よりも体力が上ってことですか。

その通り！　**つまり，今の70歳の身体機能は，20年前の 60 〜 65歳に相当するということなんです。**
この現象は，高齢者の若返りなどとよばれています。

高齢者の若返り！

しかし若返っているとはいえ，70歳前後は，退職などで生活スタイルや経済状況，人間関係などの環境が大きく変わる時期でもあります。また，身体機能に顕著な衰えが出てくる年代でもあるんです。

昔よりも若返っているとはいえ，70歳は高齢者へとむか
う，ターニングポイントでもあるわけなんですね。

そうですね。
健康上の問題で日常生活が制限されることなく生活でき
る期間のことを健康寿命といいます。日本人の健康寿
命は，男性が72.68歳，女性が75.38歳です（内閣府
高齢社会白書2019）。このように，男女ともに，70歳代
で健康面での大きな変化を経験する人が多いことがうか
がえます。

70歳代は，老いに対する準備というか，心構えが必要に
なってきそうですね。

そうですね。

「健康に長生きする」ことが大事

現在，世界中で高齢化が進んでおり，60歳以上の高齢者
は10億人をこえ，2050年には20億人をこえると予測
されています。

2023年の世界人口が80億4500万人ですから，単純に
現在で考えると，世界人口の約4分の1が高齢者というこ
とになりますね。これは多いですね……。

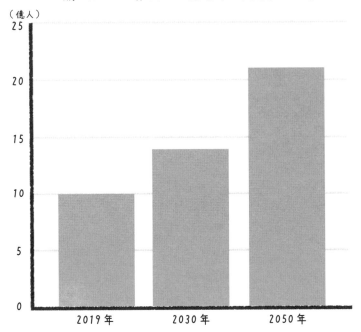

60歳以上の世界人口の推移予測（WHO調べ）

（億人）

そうなんです。このように，世界的に社会の年齢構成が高齢者に大きくかたよってしまうと，社会のあらゆる面に影響をおよぼすと考えられています。

確かに……。

こうしたことを背景として，2020年12月14日，日本とチリが進行役となり世界保健機関（WHO）の総会で，Decade of healthy ageing（2020-2030）（健康な高齢化の10年）の決議案が採択されました。

健康な高齢化の10年？

はい。世界がこれからはじめて経験する高齢化社会で，多くの人がよりよく生きるには，現在の高齢者の枠組みを変えていく必要があります。

すなわち，ただ「病気にならずに，健康に過ごす」ということだけに注力するのではなく，「高齢者が自立性や尊厳を保ち，よりよく生きる」ことに力を入れていこう，という考え方が打ちだされたわけです。

なるほど。「高齢者」のイメージを，もっとポジティブに変えていこうという感じですか。

ざっくりいえば，そういうことですね。

そこで，**WHOでは，この決議案を受けて，2021年から2030年までの10年間を，すべての人がより長く，より健康的に生きることができる世界を目指した行動計画を推進しているのです。**

ポイント！

Decade of healthy ageing (2020-2030)

高齢者が「健康に過ごす」だけではなく，「高齢者がみずからの自立性や尊厳を保ち，よりよく生きる」ことを目指し，相互協力のもと，それに沿ったあらゆる取り組みをおこなうこと。

その取り組みが，すでに動きだしているのですね。

はい。この，老化に対する新しい考え方は，健康な高齢化（ヘルシーエイジング）といいます。
WHOの定義によると，ここでいう「健康」とは，「病気をしない」ということだけではなく，「高齢になっても，なおかつ病気になっていても，日常生活を維持する能力が備わっていれば，よりよく生きることができる」という意味がこめられています。

それって，先ほど先生がおっしゃっていた健康寿命ということですね。

その通りです。**これからやってくる超高齢化社会においては，健康寿命が鍵といえます。**
ところで，健康寿命と平均寿命のほかに，もう一つ平均余命というものがあります。

平均余命……？　はじめて聞きました。

平均寿命は，0歳の人が今後何年生きるかの平均値であるのに対し，平均余命は，ある特定の年齢以降，何年生きるかの平均値を指します。

たとえば40歳なら，40歳をこえたらあと何年生きるのか，の平均値ということですか。

そういうことです。近年，人間の寿命はのび続けているといわれていますが，**元気に自立して生きることができる「健康寿命」と，日常生活に制限のある「平均余命」に大きな差があることが問題になっています。**

寿命がのびても，寝たきりになって日常生活が制限されてしまったら，ずっとその状態で生き続けることになる……。それって，つらいですね。

そうですよね。この健康寿命と平均余命の差を，最新の科学的な知見をもちいながら，いかにちぢめることができるか……。これが「健康な高齢化」といえるでしょう。そして現在，その差をちぢめるために，さまざまなアプローチで老けない人の研究が進んでいるのです。

なるほど。年はとっても，"老けない"ということがポイントなんですね。

一体，どのような状態になったら老化したことになるんでしょう？　その明らかな境目みたいなものはあるんですか？

ふつう，人は介護が必要になる要介護の状態に，急になるわけではありません。要介護状態になる人の多くは，健常な状態からいきなり日常生活に問題が生じるわけではなく，徐々に心身の機能が低下していって，要介護状態におちいります。

確かに，いきなりではないですね。

加齢によって心身が衰えていき，健常とはいえず，かといって要介護の状態でもない状態をフレイルといいます。
フレイルは，英語で「虚弱」を意味するFrailty（フレイリティー）からつくられた和製英語で，「健常」と「要介護」のあいだをあらわす言葉として，2014年からつかわれるようになりました。

そうなんですね。ではフレイルの状態になったら，そのまま衰えていってしまうわけですか。

いいえ，そういうわけではありません。
フレイルとは，虚弱度合いをあらわす指標的なものであり，**適切な介入により，ふたたび健康な状態に戻れる状態なのです。**

フレイル（Frailty）
「健常」と「要介護」の中間の状態。
適切な介入により、健常な状態に戻ることが
可能。

そうなんですか？

国立長寿医療研究センターの研究グループが定めた改定日本版フレイル基準（改定J-CHS）によれば、急な体重減少、疲労感、筋力低下、身体活動量の低下、歩行速度低下の5項目のうち、3項目以上当てはまるとフレイルだと判断されます（28ページ参照）。
そこから、いかにしてフレイルの進行を食い止めるか、あるいは、元の状態に戻すかが重要となります。

元に戻れる可能性があるとはいえ、なるべくなら、フレイルにならないようにしたいですね。そのためには、どうすればいいんでしょう？

フレイルにならないためには、運動習慣や、食事によってしっかりとした栄養をとることがもちろん大切です。**しかし、最近の研究によって、運動や食事以上に「社会とのつながり」の重要性が明らかになってきたのです。**

社会とのつながり……。

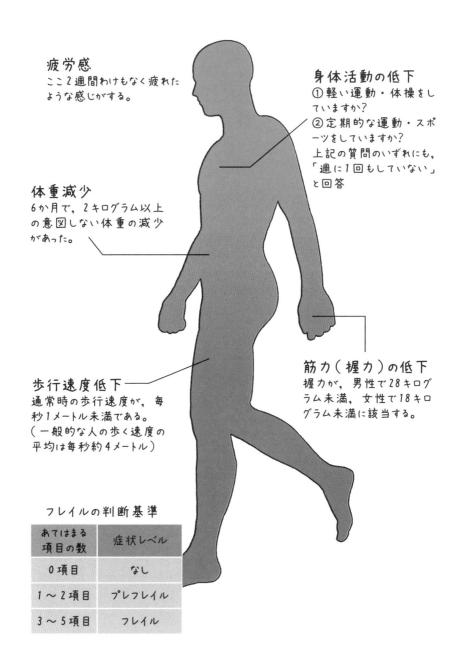

疲労感
ここ2週間わけもなく疲れた
ような感じがする。

身体活動の低下
①軽い運動・体操をし
ていますか?
②定期的な運動・スポ
ーツをしていますか?
上記の質問のいずれにも,
「週に1回もしていない」
と回答

体重減少
6か月で,2キログラム以上
の意図しない体重の減少
があった。

筋力(握力)の低下
握力が,男性で28キログ
ラム未満,女性で18キロ
グラム未満に該当する。

歩行速度低下
通常時の歩行速度が,毎
秒1メートル未満である。
(一般的な人の歩く速度の
平均は毎秒約4メートル)

フレイルの判断基準

あてはまる 項目の数	症状レベル
0項目	なし
1〜2項目	プレフレイル
3〜5項目	フレイル

私たちのグループは，千葉県の柏市に住む**2000人強**の高齢者を対象として，健康状態や身体機能，認知機能や心理状態を追跡する大規模な調査（柏スタディ）をおこないました。

2000人強ですか！　大規模な調査ですね。

はい。その結果，**たとえ毎日運動していたとしても，仕事や趣味，ボランティアなどによる「社会とのかかわり」をまったくもたない人は，フレイルのリスクが非常に高いことがわかったのです。**
また，高齢者の孤食（独りで食事をとること）が抑うつ傾向の高さと関係していることもわかりました。

社会とのつながりって，そんなに大切なことだったんですね。

若い人や，日常的に問題なく過ごしている人は，特に感じないかもしれませんが，社会とのつながりは非常に重要です。
社会とのつながりがなくなると，生活範囲がせばまって，孤独感や抑うつ傾向が強まり，心の状態が悪化します。すると食欲がわかず，食事が楽しめない状況におちいり，食べ物をかむ機能が衰え，そして栄養状態が悪くなります。こうなると，心身機能が低下し，フレイルが一気に進んでしまいます。

全部，密接につながっているのですね。

その通りです。このような負の連鎖を私たちは**フレイ
ルドミノ**とよんでいます。

 そんなドミノ倒し，おこしたくないですね。

 年を重ねると，定年退職，伴侶の死，病気やケガなど，
社会とのつながりがなくなる要因がたくさん生じるよう
になります。**フレイルドミノを食い止めるには，そうし
た環境要因の中にあっても，日常生活において「趣味のサ
ークルや地域の集まりに参加して社会と交わる」，「家族
や友人と食事をする機会をもつ」ことなどが重要です。**

 なるほど。だから高齢者本人だけじゃなく，家族や地域
の人たちもこうしたことを正しく理解して，一体となっ
て対策や支援を講じることが求められるっていうわけで
すね。納得しました。まさに地域ぐるみでの取り組みが
必要なんですね！

"老いる"ってどういうこと?

STEP 2 老いてゆく体と心

老化とは，実際にはどのような状態を指すのでしょうか？ 脳や感覚器官，骨や筋肉，さらには精神状態に至るまで，老化によるさまざまな変化を細かく見ていきましょう。

脳の老化は20代からはじまっている！

STEP1では，老化に対する新しい考え方についてお話ししました。ここでは，老化によって，心身機能は具体的にどのような状態を示すのか，くわしく見ていきましょう。

はい。「老化」って，そういえば漠然としたイメージしかもっていないかも……。

まだお若いから，そうでしょうね。まずは，"人体の司令塔"である脳の老化について，見てみましょう。
たとえば，ご両親や身の回りの方でも，「あそこのアレとって」など，物の名前が出てこない，といった場面はないでしょうか。

あっ，まさにそうです。この前，父が「アレ買ってきてくれ，ほらアレだよ！」とか言って，母が怒ってました。「物の名前が出てこなくなるなんて，親父も年とったな」って思いましたねえ。

そうですね。

そのように，物の名前が出てこない，といった場面に遭遇するとき，私たちは脳の老いを痛感します。

こうした物の名前がとっさに出てこない現象は，記憶を検索する能力や，集中力の衰えなどによっておきます。

また，注意力などが低下すると，「ブレーキとアクセルを踏みまちがえそうになる」といった現象もおきます。**このように，"人体の司令塔"である脳の老化は，運動や感覚をはじめとする，全身のあらゆる機能に影響します。**

ああ，高齢者の運転事故も問題になっていますよね。

そうですね。脳の老化を引きおこす原因として，大きく分けて血液や栄養分の供給量の低下，神経細胞の変化の二つがあげられます。

この二つは，脳の萎縮（脳の容積の減少）という形であらわれます。**つまり，脳は加齢にともない，脳内部の空洞や，表面のしわの落ちこみが大きくなるのです。これが，脳の老化です。**

ポイント！

脳の老化
　血液や栄養分の供給量の低下，神経細胞の
変化によって，脳が萎縮する。

げげげっ！　加齢によって脳が萎縮するなんて，こわいですね。やっぱり年をとるってイヤだなあ。

ところが，最近の研究から，**加齢による脳の萎縮は20代からはじまることがわかったのです。**

はぁぁぁ!?　じゃ，じゃあ，私もすでに脳の萎縮がおきているってことですか？

その通りです。
脳の萎縮は，神経細胞が集まって密集している灰白質（かいはくしつ）で主に進行します。特に大脳の前側の前頭葉や，横側の側頭葉で目立って多いということです。
ちなみに大脳は，脳の各部位の情報を統合して，判断，理解，記憶，思考などをつかさどっている重要なところです。

大脳（前方部分の断面）

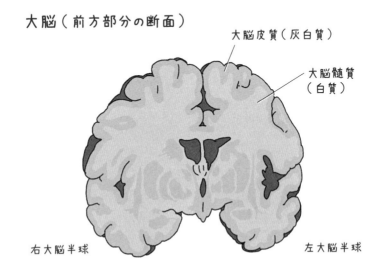

34

私は27歳ですが，それらの機能が失われはじめているってことですか……。

 失われているでしょうが，まだまだ支障が出ない程度でしょう。しかし，これが年齢とともに進んでいくわけですから，中高年以降になってから脳の衰えを実感するのは仕方がないともいえます。

脳は，老化しやすいところとしにくいところがある

 脳の老化が20歳からはじまるなんて，一気に目が覚めましたよ。それにしても「萎縮」とは，なかなかのパワーワードですね。

 そうですね。ただし，萎縮するといっても，部位によっては萎縮しにくい部分もあるんですよ。
脳の一番外側は，先ほどお話しした灰白質という部分で，その内側を白質といいます（前のページのイラスト）。この部位は萎縮しにくいことがわかっています。

 白質，ですか。どういった部位なんですか？

 脳は，神経細胞という細胞が集まってできています。神経細胞は1000億個もあって，それぞれの本体から，神経線維という，何本もの細長い突起がのびています。その突起の先端が，別の神経細胞の先端と握手することで，信号をやりとりしているんですね。

35

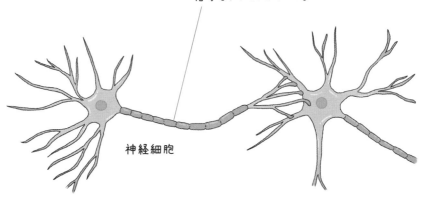

神経細胞から伸びた突起が
ほかの神経細胞と結びつき，
信号をやりとりしている。

神経細胞

へえぇ。

灰白質は**大脳皮質**ともいい，神経細胞が密集している
部分になります。そして，白質は，神経細胞からのびた
神経線維の束がたくさん集まる部分なんです。つまり，
神経線維がつながり合って，信号をやりとりしている部
分が集中している部分にあたるわけです。

なるほど。

ですから，白質が萎縮しにくいということは，神経細胞
どうしのネットワークはへりにくいことを示しているん
ですね。これは，高齢になっても，神経細胞の間でおこ
なわれる情報伝達の能力は衰えにくいことを意味してい
るのかもしれません。

そうなんですね！

さらに，これまで神経細胞は成長期以降には新たにつくられないと考えられてきました。しかし1990年代，脳の**海馬**というところにある**神経幹細胞**が増殖・分化（ある細胞が特定の機能をもつ細胞になること）して，新しい神経細胞を補充していることがわかったのです。

本当ですか!?　神経細胞って，もうふえることはないと思いこんでいました。

海馬は**記憶の中枢**として重要な部位です。
最近の研究で，健康な高齢者の脳の萎縮を部位ごとに調べたところ，海馬やその周辺の容積は，45歳ごろまで増大することなどが明らかになっています。

すごい！

また，45〜50歳以降，脳の領域間の情報伝達の効率はむしろ高くなることもわかりました。
これらの研究は，脳の各部位は老化するものの，それを補うように部位どうしの情報伝達が強化されることで，記憶などの機能が保たれうることを示しています。
とはいえ，脳の老化は生活環境や遺伝などにも左右され，個人差が大きいのも特徴です。

脳って，加齢によって衰える一方，というわけではないんですね！

加齢の影響を受けやすい記憶と受けにくい記憶がある

先生，一つ疑問なんですが。物や人の名前って，忘れがちですよね。「あそこのアレ買ってきて」とか。
一方で，どんなに年をとっても忘れない記憶ってありませんか？　たとえば私の父は物忘れが結構激しくなってきてますけど，子どものころ飼っていた犬の名前とかはよく覚えていたりして，不思議だなあと思うんです。

そうですね。実は，ひと口に記憶といっても，加齢の影響を受けやすい記憶と受けにくい記憶があるのです。

そうなんですね。影響を受けやすい記憶と受けにくい記憶って，どうやって分かれるんですか？

そうですね，記憶がたくわえられる場所のちがいといえるでしょう。
新しい記憶をつくったり，脳内に定着させたりするために重要なはたらきをする領域は，先ほどお話しした海馬です。海馬には，目や鼻，口など，さまざまな感覚器官から得られた情報が送られ，その記憶が一時的にたくわえられるんです。

一時的に，なんですか？

そうなんです。記憶の最終的な貯蔵場所は，海馬ではないんですね。海馬にたくわえられている期間は大体，1か月から数か月間です。

そして，一時的にたくわえられた記憶のうち，重要な記憶だけが，最終的に**大脳皮質**に固定されるのです。

記憶の一時的な貯蔵庫は海馬，最終的な貯蔵庫は大脳皮質というわけですか。

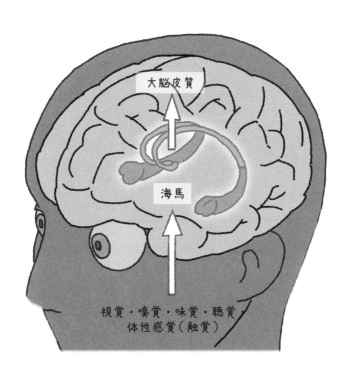

大脳皮質

海馬

視覚・嗅覚・味覚・聴覚・
体性感覚（触覚）

そうです。
さて，海馬は，新しい記憶をつくったり，さまざまな感覚器官から得た情報を保管したりするはたらきがあるとお話ししました。中でも，ある特定の時間や場所に結びついた**エピソード記憶**をつくったり，思いだしたりする際に，重要な役割を担っています。

エピソード記憶とは，はじめて聞きました。

エピソード記憶には，たとえば「小学生のときに親友が転校して悲しかった」といったように，長年にわたって保持されるような記憶から，「昨日の夕食で何を食べたか」といった，そのうち忘れてしまうような短期的な記憶まであります。

その名の通り，何らかのエピソードにもとづいた記憶なんですね。

その通りです。
一方で，たとえば「自転車の乗り方」や「ピアノの演奏」など，体で覚えた記憶は**手続き記憶**とよばれます。この手続き記憶は，大脳の**基底核**というところや，**小脳**にたくわえられています。

保存されているのは海馬ではないんですね。

その通りです。
海馬やその周辺の領域は，脳のほかの領域にくらべると，萎縮の度合いが顕著であることがわかっています。

ですから，加齢とともに，つい最近の短期的な記憶であるエピソード記憶は曖昧になりやすいのです。

一方で，海馬以外の領域はそれほど顕著な萎縮は見られません。そのため，海馬以外の場所にたくわえられた記憶は，加齢の影響を基本的には受けません。

なるほど……だから覚えている記憶とそうでない記憶の差が出てくるんですね。

このほか，意味記憶もあります。

これは，「消防車は赤い色でサイレンを鳴らす車である」というような，誰でも知っている知識をいいます。この意味記憶も大脳皮質に貯蔵されているため，加齢による影響を受けにくい記憶なんです。

なるほど。

また，短期記憶の多くも加齢の影響をほとんど受けません。短期記憶とは，そのときだけ必要だった電話番号などのように，覚えても数十秒程度で忘れてしまう種類の記憶です。短期記憶は大脳皮質の連合野という部分にたくわえられます。

ということは，ほとんどの記憶は，年をとっても保持される感じですね。

ただし，作業記憶（ワーキングメモリー）とよばれる記憶は，加齢によって顕著に衰えます。

作業記憶？

 作業記憶とは，短期記憶の一種で，記憶を保持しながら何らかの情報処理が必要なものをいいます。

たとえば「5，4，3，2という四つの数字を聞いて記憶し，逆の順番で答える（2，3，4，5）」といったようなものです。この作業記憶には，脳の海馬や前頭前野がかかわっているといわれています。

 ああ，四つの数字を逆から言うのは，認知症検査で見たことあります。なるほど，海馬も関係しているわけですか。

 はい。加齢による記憶力の低下があると不便を感じることが多くなりますが，日常生活を送る能力そのものは維持されます。

しかし，「朝食を食べたかどうか覚えていない」など，日常生活に支障をきたすほどの記憶障害が出た場合には，うつ病や認知症などの病気，軽度認知障害などが原因の可能性がありますから，精神科，神経科，老年科，もの忘れ外来などを受診したほうがいいでしょう。

朝食メニュー：短期記憶，エピソード記憶

1か月前の朝食のメニューは普通忘れてしまう。このような記憶を「短期記憶」という。また，出来事に関する記憶は「エピソード記憶」とよばれる。

自転車の乗り方：
手続き記憶

自転車の乗り方など，体の動かし方の記憶は，数年たっても失われることがない。このような記憶は「手続き記憶」とよばれる。

地球は丸い：
意味記憶

「地球は丸い」などの知識は，本で見たり人から聞いたりして記憶されたもので，その記憶をいつどこで記憶したかは覚えていないことが多い。このような記憶は「意味記憶」とよばれる。

しみやしわができたり，たるんでくるなど，**皮膚**は加齢による変化がわかりやすくあらわれます。
見た目で老化がわかりますから，特に気にする方も多いしょう。

そうですね。うちの母も，「しわがふえた」とか「まぶたが垂れてきた」と嘆いていますよ。

そうですよね。ここでは，こうした**皮膚の老化**のしくみについて，くわしく見ていきましょう。

お願いします。やっぱり見た目は気になります……。

まず，皮膚の構造について見てみましょう。
皮膚は，**表皮**，**真皮**，**皮下組織**の3層から成り，表皮はさらにいくつかの層に分かれています。
表皮の最下層には**基底層**という層があり，この基底層で新しい細胞が生成されます。（次のページのイラスト）

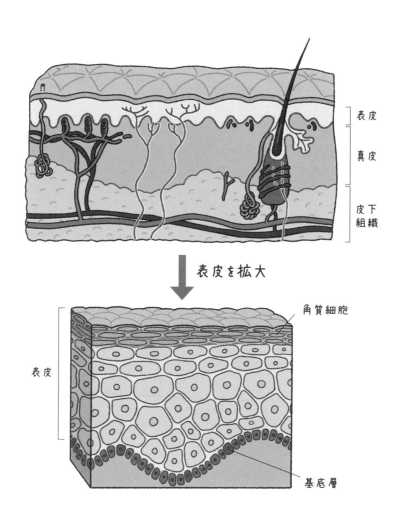

表皮

真皮

皮下組織

表皮を拡大

角質細胞

表皮

基底層

細胞は上の層へと押し上げられていき，最後は垢となってはがれていきます。このようなしくみを**ターンオーバー**といい，年齢や部位によってことなりますが，およそ50日の周期でくりかえされています。

垢って汚れじゃなくて，細胞だったのか〜。

45

表皮の下の真皮は分厚く，**血管**，**神経**，**リンパ管**が通っていて，炎症や免疫に関与する細胞も豊富に存在します。また，真皮には**コラーゲンとエラスチン**という，弾力のある線維がたくさんあります。たとえば子どもの肌は，スベスベでぷにぷにしていますよね。このみずみずしいハリと弾力は，これらの線維が豊富にあるからなのです。

 お肌のハリの秘密は，真皮にあったんですね！

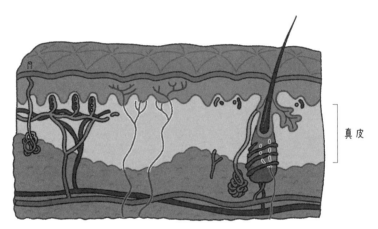

真皮

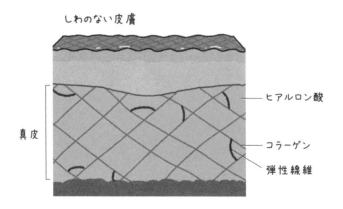

しわのない皮膚

真皮

ヒアルロン酸

コラーゲン

弾性線維

真皮の下，皮膚の最下層にあたる**皮下組織**は，真皮を骨や筋肉につなげる役割を果たしています。皮下組織には**脂肪**が多くたくわえられていて，そのおかげで弾力があり，外界から受ける衝撃をやわらげるクッションの役割も担っています。

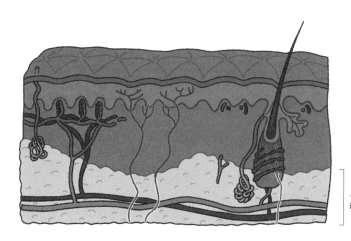

皮下組織

なるほど。皮膚のしくみがよくわかりました。

さて，年を重ねると，皮膚のハリは徐々に失われ，しわやたるみができてきます。これは，加齢とともに，真皮の中にあるコラーゲンやエラスチンがへってしまうことと，もう一つは線維の構造が異常になることによって引きおこされます。

線維の構造が異常になる？

はい。それは，紫外線による影響です。
太陽光には何種類もの紫外線が含まれています。そのう
ち，波長の長いUV-AとUV-Bは，地球の表面にまで
届き，私たちの体に悪影響をおよぼすのです。**特にUV-A
は，皮膚の奥深く真皮にまで到達し，真皮の線維をこわ
してしまうんですね。その結果，皮膚の弾力が失われ，
しわになるんです。**
こうした紫外線による老化のことを光老化とよんでい
ます。

しわのある皮膚

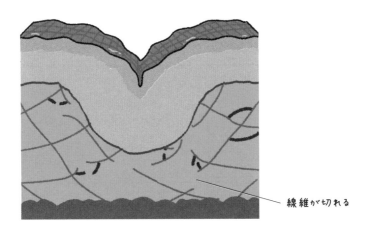

線維が切れる

ええ〜！ 紫外線が影響していたとは！

 また, しみは, 表皮に含まれる色素である**メラニン**が沈着することなどによってできます。
メラニンは**メラノサイト**という細胞でつくられて, **角化細胞**(基底層で生まれる新しい細胞)に渡されます。メラニンの濃い色が紫外線を効率的に吸収し, 角化細胞の細胞核を守る**日傘**のようなはたらきをします。

 へええ〜！ メラニンが細胞核を守る日傘の役割を果たしていたなんて。よくできているなあ。

 そうなんです。しかし, 長い間紫外線を受け続けていると, メラノサイトの遺伝子に異常が生じ, メラニンの量が増加するなどして, しみとなってしまうのです。

 なるほど。加齢とともに皮膚にしみができるのは, 長生きする分, 紫外線も長く浴びるからなんですねえ。

 基本的に, しみ, しわ, たるみが生命をおびやかすことはありません。ただし, 過度の紫外線を浴び続けると, 皮膚がんが発生して, 最悪の場合, 死に至ることもありますので, 注意が必要です。

 紫外線は皮膚の大敵ですね。

1時間目で，「平均余命」と「健康寿命」のギャップが問題になっているとお話ししました。

自分で立ったり歩いたりでき，制限のない日常生活を過ごせる期間をあらわす健康余命を保つためには，**ロコモティブシンドローム**（運動器症候群）という状態にならないことが重要です。

ろこもてぶ……？

はい。**ロコモティブシンドロームは，骨や関節，筋肉が老化して，動きに支障が出ることをいいます。**ですから，骨や筋肉の老化を防ぐことは，とても大切なんです。55ページにロコモティブシンドロームのチェックリストを載せましたので，チェックしてみてください。

> **ポイント！**
>
> ロコモティブシンドローム
>   骨や関節，筋肉が老化して，動きに支障が
>   出ること。

骨や筋肉が弱ってしまったら大変ですもんね。ところで，骨や筋肉の老化って，どんな状態なんでしょうか。

まず，骨からお話ししましょう。
人体には約200個の骨があり，人体を支えたり，骨髄で血液細胞をつくりだしたり，カルシウムなどを貯蔵するといった役割を担っています。

骨って，体を支えるだけじゃないんですね！

そうですよ。骨といわれて私たちがイメージする白い骨（硬骨）には，骨芽細胞という細胞がつくりだした骨細胞が集まっています。
また，骨どうしをつなぐ関節には，弾力のある軟骨をつくる軟骨細胞があります。

骨をつくる細胞があるんですね。

ええ。でも，つくるだけではありませんよ。破骨細胞という，古くなった骨を破壊する細胞もあるんです。不要な骨は破壊され，骨芽細胞が新しい骨細胞を生みだすことで，骨はつねにつくりかえられているのです。
この骨の破壊と生成は骨リモデリングといいます。

骨も生成をくりかえしているんですね。

そうなんです。ところが，中高年期になると，骨粗しょう症という病気がふえてきます。この病気は，加齢によって骨リモデリングのバランスが崩れ，破壊が生成よりも速くなってしまうことが原因です。その結果，骨密度が低くなることで骨がもろくなり，骨折しやすくなってしまうのです。

ポイント！

骨粗しょう症
骨リモデリングのバランスが崩れ，骨の破壊が
生成よりも速くなることで，骨がもろくなる。

 確かに，高齢者は骨折しやすいイメージがあります。

 骨リモデリングについては研究が進んでおり，骨にかかる重力や適度な負荷が，リモデリングを正常に保つことがわかっています。**つまり，年をとっても体を動かし続けることで，骨の老化を抑制することができるんです。**逆に寝たきりになると，骨の老化がさらに加速してしまうこともわかっています。

 体をよく動かして，適度な負荷をかければ，骨の老化は防げるんですね！

 その通りです。また，**軟骨**は，関節をなめらかに動かす機能を果たしています。しかし，やはり加齢にともなってすりへったり欠けたりします。
股関節や膝関節の軟骨破壊が進むと強い痛みが出て，立つ，しゃがむ，座るといった動作がしづらくなります。

 骨や軟骨の老化って，つらいですね。意識して体を動かす努力をすることが重要そうですね。

筋肉の老化も見逃せません。

筋肉は主に，体を動かす**骨格筋**と，臓器をつくっている**平滑筋**から成ります。

骨格筋の重量は体重の**約40%**も占めていて，体を動かす原動力となるほか，血流をうながす，熱をつくりだすといった役割も担っています。

筋肉って，体を動かしているだけじゃないんですね！

そうです。筋肉も細胞でできています。骨格筋は**筋線維**という細い線維が束になってできており，線維の束がのびたりちぢんだりすることによって動きます。

けがなどで筋線維が傷ついたり破損したりすると，近くにある**サテライト細胞**という細胞が新たな筋線維をつくりだします。このサテライト細胞も，運動などで筋肉に負荷をかけることでも増殖します。

すごい，新たな筋線維がつくりだされるんですか！

ただし，年齢を重ねると，サテライト細胞の数は減少し，生き残ったサテライト細胞の増殖能力も衰えていきます。

加齢や疾患によって筋肉量がへり，筋力が衰えて生活に支障が出る状態を，**サルコペニア（筋減弱症）**といいます。

2016年に国際疾病分類に登録されており，日本でのサルコペニアの判定基準は，男性で握力が26kg未満，女性で18kg未満，歩行速度が秒速0.8m未満です。これは，横断歩道を青信号のあいだに渡りきれなくなる程度です。

それはあぶないですね！

 はい。サルコペニアになると，ロコモティブシンドロームやフレイルになりやすいのです。

ポイント！

サルコペニア
　加齢や疾患によって筋肉量がへり，筋力が衰えて身体機能が低下し，生活に支障が出る状態のこと。

A. 若者の筋肉　　B. 高齢者の筋肉

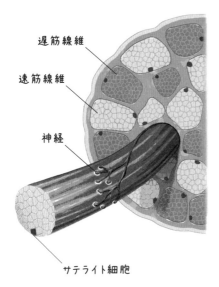
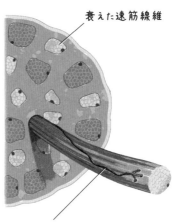

遅筋線維

速筋線維

神経

サテライト細胞

衰えた速筋線維

神経と筋線維のつながりが弱くなり，筋肉をうまく動かせなくなる。

骨や筋肉の老化は，細胞のはたらきが衰えることによって，骨がスカスカになったり，量がへったりしてしまうわけですね。しかし，適度な運動を続けることで，老化を防ぐことが可能なわけですね。

memo

ロコモチェック

　自分がロコモティブシンドローム（ロコモ）かどうか，心配になった人もいることでしょう。
　下の項目は，ロコモかどうかを確かめるチェックリストです。このうち一つでも当てはまれば，ロコモの心配があるとされます。該当項目があった人は，早めに医師の診察を受けたり，運動をはじめてみるなどするとよいでしょう。

	チェック項目
1	片足立ちで靴下がはけない
2	家の中でつまずいたりすべったりする
3	階段を上がるのに手すりが必要である
4	やや負荷のかかる家事が困難である （掃除機の使用，布団の上げ下ろしなど）
5	2キログラム程度の買い物をして持ち帰るのが困難である（1リットルの牛乳パック2個程度）
6	15分くらい続けて歩くことができない
7	横断歩道を青信号で渡りきれない

目と耳の老化は加齢によって進みやすい

人間には，視覚，聴覚，味覚，嗅覚，触覚の，いわゆる五感が備わっています。これらの感覚も，加齢とともに衰えてきます。

そうですね。
うちの両親は二人とも老眼鏡を使ってますよ。

視覚の衰え，いわゆる老眼は，個人差はありますが，40歳代ころから感じはじめる人が多いようです。主に「近くが見えにくい，目がかすむ」といった症状からはじまり，50代以降になると動くものを判別する動体視力が低下し，白内障などの疾患の割合も急増します。

目は，割と早い時期から衰えるんですねえ。

聴覚も比較的早い時期から衰えが見られます。**聴覚の場合，50代前半まではゆるやかに低下しますが，60代をすぎると急激に衰えます。**

急激にですか！

はい。加齢によって聞こえが悪くなることを**老人性難聴**といい，特に**高い音が聞きとりにくくなるのが特徴です。**

なるほど……。でも先生，味覚や嗅覚，触覚が衰えるってあまり聞きませんけど，これらも衰えるんですよね？

はい。嗅覚や触覚の低下も60代以降で顕著になるといわれています。ただし，視覚や聴覚ほど顕著に低下しません。味覚は，口腔内にある**味蕾**という器官で感じとっています。味蕾は**味細胞**という細胞が集まって構成されていて，口腔内には数千個もの味蕾があります。この味蕾は，加齢によってあまり減少しないことが知られているのです。ですから，味覚はほかの感覚にくらべて比較的衰えにくいといわれています。

味覚が衰えないというのはうれしいですね。いくつになってもおいしいものを食べたいですから！

そうですね。**ただし，高齢になると，歯の欠損や唾液分泌量の減少，服薬などによって二次的に味覚異常がおきる例もあります。**
このほか，味覚を維持するためには**亜鉛**の摂取が必要なのですが，高齢者は亜鉛不足になりやすい傾向があり，そのせいで味覚異常がおきる可能性があります。

口腔内や健康面の何らかのトラブルで二次的に味覚障害がおきる場合があるということなんですね。

はい。とはいえ，味覚，嗅覚，触覚の加齢による変化は比較的少ないことがわかってきています。しかし，**視覚と聴覚は，すべての人で加齢による衰えが進むとされているのです。**

うーむ。
視覚と聴覚の老化に関しては，不可避ということか。

そうですね。ここで，誰もが経験する目と耳の老化はなぜおこるのか，そのメカニズムをご説明しましょう。
まずは老眼についてです。
ヒトの目はカメラのように，光を一点に集中させることでピントを合わせています。目に入る光の量は，瞳孔のまわりにある虹彩とよばれる薄い膜の大きさが変わることで調節され，角膜と水晶体が，レンズの機能を果たします。

本当にカメラの構造とおんなじですね！

水晶体の周囲は毛様体という筋肉で囲まれており，見たい物の距離に応じて，毛様体が水晶体の厚さを調節します。このようにして調節された光は，網膜の上で像を結び，その情報が神経によって脳に送られるのです。

うまくできてるなぁ。

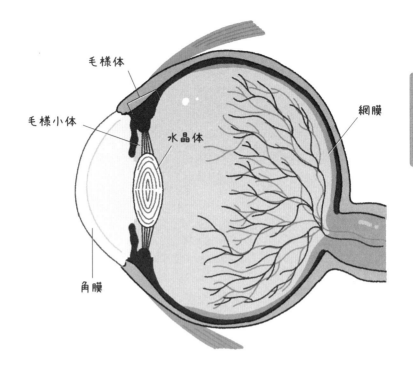

毛様体

毛様小体

水晶体

網膜

角膜

老眼

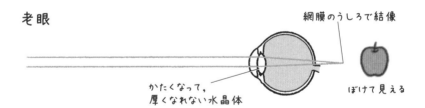

網膜のうしろで結像

かたくなって，
厚くなれない水晶体

ぼけて見える

このように，近くにピントを合わせるには水晶体を収縮
させて厚みをふやさないといけません。**しかし，加齢と
ともに水晶体の弾力は衰えて硬くなり，収縮しにくくな
ります。**つまり，近くのものを見るために水晶体を厚く
するという機能が失われてしまうわけですね。

したがって，近くの物が見えづらくなってしまうんです。これが，老眼のメカニズムです。また，毛様体の筋肉細胞の数がへり，水晶体の厚みを調節する力が弱くなります。これも老眼を加速させる原因となります。

なるほど……。
レンズが硬くなってしまうんですか。

次は，聴覚です。そもそも音とは，空気が振動してできる波，つまり音波のことです。音波は，耳介（耳の入り口）から外耳道を経て鼓膜に伝わり，耳小骨とよばれる三つの骨に届きます（次のページのイラスト）。

耳の構造も複雑なんですねえ……。

耳小骨では，振動の力が20倍以上に増幅されます。そして増幅された音波が奥に伝わって，蝸牛の中にある液体（リンパ液）を振動させると，蝸牛の内壁にかかる圧力の変化が有毛細胞という細胞にとらえられます。

細胞に毛が生えているんですか？

ええ，有毛細胞とは，その名の通り感覚毛とよばれる毛のような束をもっていて，振動によって毛が動くと神経伝達物質が放出されます。この神経伝達物質が脳につながる神経を興奮させ，信号が脳に到達すると，音として知覚されるのです。

耳の構造ってすごいですね！

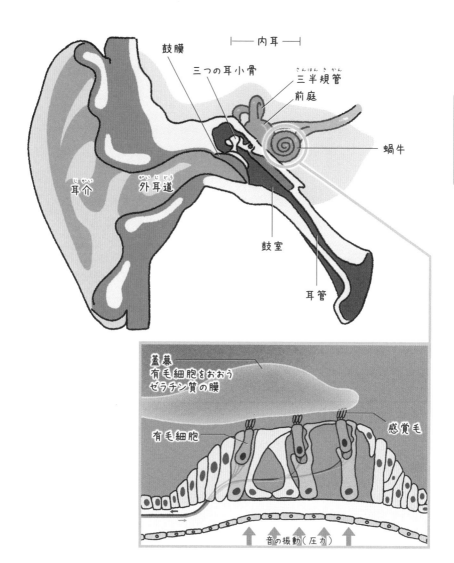

すごいでしょう。先ほどもお話ししましたが，加齢にともなって聞こえが悪くなることを**老人性難聴**といいます。**主な原因は，有毛細胞の数や，感覚毛が減少するからといわれています。**

また，**鼓膜を構成し，骨どうしをつないでいるコラーゲンが，加齢によって硬くなることで音を増幅する機能が衰えることも原因の一つです。**

なるほど。目と同様に，柔軟性をもっていた組織が，加齢によって硬くなってしまうんですね。

五感の老化は個人差があり，まれに症状がないという人もいます。しかし，五感の老化は長い年月にわたって徐々に進むものが多いため気づきにくく，本人が衰えを自覚できていない場合もあり，注意が必要です。

衰えに気が付かない!?

はい。ですから，周りの人が協力して早めに衰えを見つけて，適切な対策をとることが大事です。たとえば，メガネやコンタクトレンズ，補聴器や人工内耳などの機器を使用するのが一つの解決方法です。

ふむふむ。

私たちは，五感によって，生きていく上で必要な情報を得ています。しかし，それだけでなく，壮大な景色を見る，美しい音色に癒やされるなど，充実した人生を送る上でも，五感は必要です。
五感が衰えるということは，豊かな感情や感性を養うことがむずかしくなり，認知機能の低下や抑うつを招くことにもなりかねません。

五感の老化

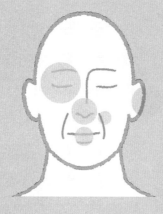

聴覚の衰え … 老人性難聴

音を伝える有毛細胞や，感覚毛が減少する。また，鼓膜を構成し，骨どうしをつなぐコラーゲンが，加齢によって硬くなり，音を増幅する機能が衰える。

視覚の衰え … 老眼

水晶体が硬くなり，収縮しにくくなって，近くのものを見るために水晶体を厚くする機能が失われる。

味覚の衰え

感覚自体はあまり衰えないが，口腔内や健康面のトラブルで二次的に味覚障害がおきる場合がある。

触覚・皮膚感覚の衰え

65歳ごろから皮膚感覚の低下が顕著になる。熱い，冷たいなどの感覚が鈍り，冬場は電気毛布やカイロで低温火傷になりやすくなる。夏場は，暑さを感じにくいために，エアコンを使わなかったり，厚着をしてしまうことで熱中症のリスクが高まる。

生きていくためには，エネルギーの摂取が必要不可欠です。エネルギーは，食べ物を消化・吸収することで得られます。高齢になると，こうしたエネルギーを摂取するための消化器系にも衰えがあらわれるようになります。

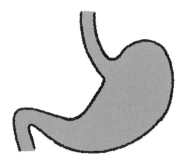

年をとると，だんだん食も細くなってきますよね。消化器官の老化って，健康に直結しそうですね。

そうですね。まず，消化器官のはたらきについて，ざっと見ていきましょう。

食べ物は口から取りこまれたあと，分解されて養分となり，体のすみずみに吸収されて，吸収されずに残ったものは便として排出されます。

これらの機能を担う，口から肛門までの消化管は，食道，胃，小腸，大腸から成り，連続する1本の長い管になっています。

1本の管だなんて，意識したことなかったです。

そうですよね。

さて，消化器系の各部分には，それぞれ役割があります。まず，口の中で食べ物を咀嚼すると，唾液が分泌されますよね。唾液は，食べ物をやわらかくするとともに，唾液に含まれるアミラーゼという酵素によって，デンプンを分解する機能もあります。

へええ〜！　唾液にはそんな役割もあるんですね。

はい。飲みこまれた食べ物は，食道を通過します。食道は，筋肉を収縮させる蠕動運動によって，食べた物を胃に送りこみます。

胃では，到着した食べ物を胃液によって液状化し，小腸（十二指腸）に送りだすまで貯蔵します。

また，胃液に含まれる「ペプシン」という酵素は，タンパク質を分解するはたらきのほか，胃酸で病原体を殺すなど，いくつもの重要な役割を担います。

胃って働き者なんですね。

そうなんですよ。さて，胃の次は小腸です。小腸の最初の部分は十二指腸とよばれ，ここでタンパク質，デンプン，脂肪が消化されます。小腸の内壁は多くのひだがあり，一つ一つのひだの表面は，柔毛とよばれる1ミリ程度の突起でおおわれています。ここで消化された栄養素を吸収します。

やっと吸収された。小腸で吸収されなかったものは大腸へと送られて，大腸でも吸収されなかった残骸は便となるわけですね。

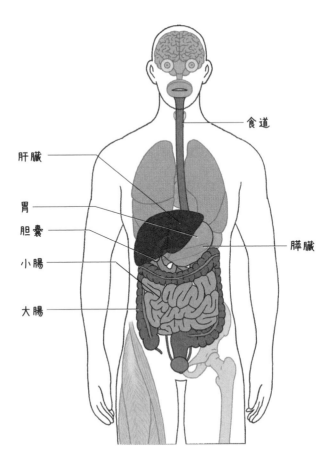

食道

肝臓

胃

胆嚢

小腸

大腸

膵臓

その通りです。

**ところが，加齢とともに，消化管のどこでも，消化液を
分泌する細胞の数がへったり，残った細胞の機能が低下
したりします。また，蠕動運動を担う筋肉細胞の減少な
ども進んでいきます。**

食道は，ふだん，食べ物が通過する以外は閉じられてい
るのですが，筋肉が弱まってしまうことで閉じる力が弱
くなり，胃酸が食道に逆流して，酸が食道を傷めたり，
胸焼けをおこしてしまうことがあります。これが逆流性
食道炎で，高齢者に多いといわれています。

胸焼け（胃食道逆流症）

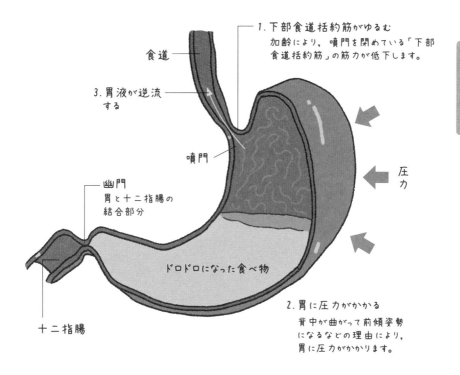

食道

3.胃液が逆流
する

1.下部食道括約筋がゆるむ
加齢により，噴門を閉めている「下部
食道括約筋」の筋力が低下します。

噴門

幽門
胃と十二指腸の
結合部分

圧
力

ドロドロになった食べ物

2.胃に圧力がかかる
背中が曲がって前傾姿勢
になるなどの理由により，
胃に圧力がかかります。

十二指腸

なるほど……。

また，細胞の機能の低下や筋肉細胞の減少が胃におきれ
ば胃もたれや胃炎が，小腸におきれば消化・吸収の
障害が，大腸におきれば便秘や下痢などの便通障害が
引きおこされることになります。

今出てきたほとんどの病気は，よく聞きますね。高齢に
なると，これらの病気になりやすくなるんですね。

また，歯の本数や唾液の分泌量が減少するとともに，かんだり飲みこんだりする筋力が弱くなると，食べ物を飲みこんで胃に送る嚥下機能が低下することもあります。その際，食べ物や唾液がまちがって肺に入り，肺が炎症をおこす誤嚥性肺炎を引きおこすこともあります。

これもよく聞く病名ですね。物を食べるという動作が衰えることで肺炎につながるなんて，こわいですね。

そうですね。それから，ピロリ菌感染にともなう高齢者の胃炎(萎縮性胃炎)も問題になっています。

ピロリ菌って，健康診断でもよく聞きますね。

日本では75歳以上の約7割がピロリ菌に感染しているといいます。ピロリ菌に感染した胃の粘膜は，萎縮性胃炎という，慢性的な炎症を示すことが少なくありません。初期の萎縮性胃炎は自覚症状がないのですが，進行すると深刻な消化障害をおこします。
それだけでなく，神経や血液細胞などを健康に保つビタミンB12 の吸収障害などもおきます。
さらに，一部は胃がんに進行するといわれており，実際ピロリ菌感染は胃がんの最大の原因とされています。

ええっ！　ピロリ菌ってこわい細菌なんですね。

ピロリ菌に感染しているかどうかは簡単に検査できますし，陽性の場合は抗生物質の服用で除菌できるので，早めに検査して治療することが大切です。

消化器系の衰えは，十分な栄養がとれなくなるわけだから，高齢者にとっては切実な問題ですね。

そうなのです。十分な栄養をとることはとても重要です。高齢者が孤独を感じたり抑うつ状態になると，食欲がなくなって食事が楽しくなくなります。そうすると，かむ機能が衰え，栄養状態が悪くなって心身機能が低下し，フレイルが一気に進んでしまうのです。

フレイルドミノですね！

その通りです。
つまり，消化器系の機能低下はフレイルドミノに影響し，一気に要介護状態に突入してしまう危険性もあるので，特に注意が必要となるのです。

ポイント！

消化器官の老化

加齢とともに，消化液を分泌する細胞の数がへったり，残った細胞の機能が低下する。
また，蠕動運動を担う筋肉細胞や，歯の数がへることで，嚥下機能が低下する。
消化器官の老化は栄養状態の悪化につながり，フレイルドミノをおこす危険性がある。

免疫力が衰えると感染症のリスクが上がる

新型コロナウイルスの流行では，多くの若者が軽症です
む一方，80代の高齢者は陽性者の約12％が死亡してい
ます（2021年1月時点，日本）。
これはなぜだかわかりますか？

高齢者の多くが持病を抱えているからでしょうか？
ニュースで，そう聞いたような記憶があります。

もちろんそれも事実でしょう。しかし，**加齢によって免
疫機能が異常になっていることも原因だとする見方も強
まっているのです。**

免疫機能が異常になっている!?

ええ。本来は，いろいろな免疫細胞が協調してはたらく
ことが重要ですが，高齢者は各細胞の機能や数に異常が
出ることがあります。その結果，**各細胞の作用のバラン
スにも異常がおきて，一部の作用が"暴走"することがあ
り，これが重症化につながっているようなのです。**

暴走!?　どうなっちゃうんですか？
そもそも免疫って，どういうしくみなんです？　外から
入ってきた悪いものを撃退するぐらいしか，わからない
んですけど……。

まず，免疫システムからご説明しましょう。

免疫システムとは，おっしゃる通り，体を外敵から守るしくみのことです。

ヒトの場合，自然免疫と獲得免疫の二つのシステムが連携してはたらきます。

自然免疫とは，体内に侵入してきた病原体を手当たり次第に攻撃するというものです。

食細胞（樹状細胞，マクロファージ，好中球）が，病原体を飲みこんで分解する食作用が中心となります。

なるほど，病原体を食べちゃうから「食細胞」ですか。わかりやすいです。

一方，**獲得免疫は，病原体を見分けてピンポイントで攻撃するというものです。**

この攻撃は主に，T細胞やB細胞がおこないます。

自然免疫は，病原体侵入とともにはたらきはじめ，獲得免疫は少し時間をおいてからはたらきはじめます。

どうして時間差があるんです？　獲得免疫もすぐに動けば，病原体をやっつけやすくなりそうですけど。

「T細胞」や「B細胞」が攻撃をおこなうためには，攻撃対象となる病原体の情報が必要になるのです。

病原体の情報は，自然免疫の樹状細胞から伝えられるため，少し時間がかかるのです。

面白いですね。自然免疫は"即応部隊"で，即応部隊の情報にもとづいて，"主力部隊"の獲得免疫が出撃するイメージですか。

なかなかうまいたとえですね。
病原体を排除したあと，獲得免疫のＴ細胞とＢ細胞の一
部は生き続けて，同じ病原体が再度侵入してきたときに，
すぐに獲得免疫を発動できるように備えます。

へええ〜！　そんなすごい防衛体制があるんですね。
人体ってすごい！

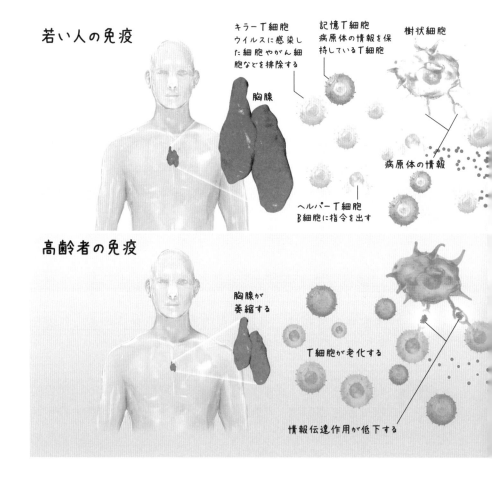

若い人の免疫

キラーＴ細胞
ウイルスに感染し
た細胞やがん細
胞などを排除する

記憶Ｔ細胞
病原体の情報を保
持しているＴ細胞

樹状細胞

胸腺

病原体の情報

ヘルパーＴ細胞
Ｂ細胞に指令を出す

高齢者の免疫

胸腺が
萎縮する

Ｔ細胞が老化する

情報伝達作用が低下する

しかし，加齢によって，この機能も影響を受けます。
まず，自然免疫の食細胞は，数はへりません。しかし病原体などの異物を取りこむ食作用が衰えるんです。それにともない，食細胞である樹状細胞が病原体の情報を伝える作用も弱まります。

数はあっても，機能しなくなってしまうんですね。

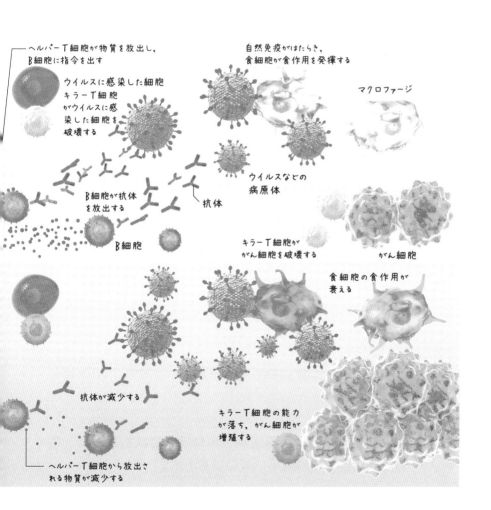

ヘルパーT細胞が物質を放出し，B細胞に指令を出す

ウイルスに感染した細胞

キラーT細胞がウイルスに感染した細胞を破壊する

自然免疫がはたらき，食細胞が食作用を発揮する

マクロファージ

B細胞が抗体を放出する

抗体

ウイルスなどの病原体

B細胞

キラーT細胞ががん細胞を破壊する

がん細胞

食細胞の食作用が衰える

抗体が減少する

キラーT細胞の能力が落ち，がん細胞が増殖する

ヘルパーT細胞から放出される物質が減少する

はい。さらに，獲得免疫のＴ細胞なども，加齢とともに機能が低下していきます。通常，樹状細胞などの機能が暴走すると，Ｔ細胞がおさえるのですが，おさえる機能も低下するので，いわばバランス維持の機能も衰えていくのです。

なるほど，免疫の暴走がおきたとしても，制御できなくなってしまうわけですね。

Ｔ細胞の衰えには，加齢による**胸腺**の萎縮も関与しているといわれています。Ｔ細胞は，Ｂ細胞に攻撃の指令を送るなど，"獲得免疫の司令塔"としてはたらきます。そのためにＴ細胞は，病原体を正しく認識し，自分の体の細胞は攻撃しないよう，胸腺で"訓練"と"選抜"を受けるんです。

訓練を受ける!?　つまり，司令官を養成する訓練場が胸腺というわけですか。とんでもない機能ですね。本当にすごいなあ。じゃあ，胸腺が萎縮してしまうと，どうなっちゃうんですか？

胸腺が萎縮してしまうと，ちゃんとしたＴ細胞がつくれなくなってしまうんです。
胸腺の萎縮は20代後半からはじまり，大きさは40歳で約50％，70歳で10％以下になるとされています。

えっ！　そんな若い時から萎縮がはじまって，40歳代で半分になっちゃうんですか？

はい。**このようなＴ細胞の衰えはＢ細胞にも影響し，獲得免疫全体の機能低下に結びつきます。**

さらに自然免疫の機能低下も加わることで，高齢者は感染症にかかりやすく重症化しやすくなったり，異常な免疫反応がおきやすくなったり，ワクチン接種の効果が弱まるといったことがおきると考えられているのです。
また，免疫機能の低下により，がん細胞が増殖しやすくなることも知られています。

睡眠リズムの変化も排尿トラブルも加齢が引きおこす

年齢を重ねると，排尿におけるトラブルや，尿をつくりだす腎臓への影響があらわれることがあります。

腎臓にも!?
そもそも腎臓って何をしているんでしょうか？

体内でいらなくなった老廃物は，血液によって腎臓に運ばれます。腎臓では，糸球体とよばれる部分で，尿のもとである原尿がつくられます。
原尿は，尿細管という細い管を通過するときに，水やナトリウムイオンなど人体に必要な成分が再吸収され，最終的に尿となって排出されます。

尿って，そんな複雑な工程を経てつくられているんだ。

糸球体はたくさんの毛細血管が集まってできており，そこで血液がろ過されて原尿がつくられています。

しかし，この糸球体の毛細血管は，加齢とともに数がへっていきます。また，腎臓内の太い血管の壁は，加齢とともに線維化して厚くなり，腎機能の低下を生じさせてしまうのです。

 ええ〜！

 そのような状態になると，**タンパク尿**になったり，尿量が低下したりします。
機能低下には個人差がありますが，特に高血圧，動脈硬化，糖尿病などの持病があると機能低下に拍車がかかり，**慢性腎臓病**や**腎不全**を引きおこします。

 危険ですね！

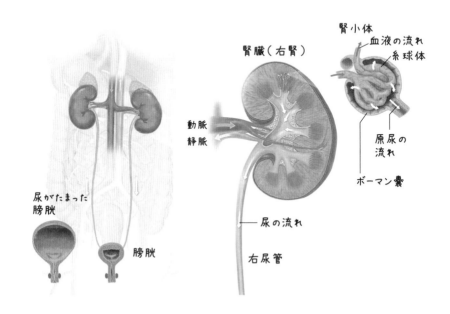

尿がたまった膀胱

膀胱

腎臓（右腎）

動脈
静脈

尿の流れ

右尿管

腎小体
血液の流れ
糸球体
原尿の流れ
ボーマン囊

また，加齢にともなって，昼夜を問わない**頻尿**や，くしゃみやせきなどの際の**尿もれ**，**尿失禁**などがふえていきます。

確かに，高齢者はトイレが近いという印象があります。うちの祖父もそうでしたから……。年をとると，なぜトイレが近くなるんでしょう？

腎臓でつくられた尿は膀胱にためられますが，年齢とともに，膀胱の尿をためる能力（蓄尿機能），膀胱を支える筋肉（骨盤底筋），膀胱に指令をおくる神経系などの低下が合わさることで，排尿トラブルがおきると考えられています。

なるほど……。

ポイント！

排尿トラブル
　膀胱の蓄尿機能，膀胱を支える骨盤底筋，膀胱に指令をおくる神経系の低下が合わさり，頻尿，尿もれ，尿失禁がおこる。

また，睡眠も加齢とともに変化します。
途中で目が覚める**中途覚醒**，夜明け前に目が覚めてしまう**早朝覚醒**が多くなり，60歳以上になると約3割の人が何らかの睡眠障害を抱えているともいわれています。

睡眠はなぜおかしくなるんでしょうか？

中途覚醒や早朝覚醒には，二つの大きな要因があります。一つは，体内時計の加齢変化です。

あらゆる生物は，地球の自転による1日24時間という周期に合わせて，ほぼ1日の周期で体内環境を変化させる機能をもっていることが知られています。

ヒトも同じで，体温や血圧，ホルモンの分泌といった，体の基本的な機能は，約24時間のリズムを示すことがわかっています。このリズムは概日リズム（サーカディアンリズム）とよばれます。ヒトの場合，この概日リズムをつくる機構が，脳の視床下部に存在しており，これが体内時計（生物時計）といわれているものです。

体内時計ってよく聞きますけど，視床下部にあったんですね。

そうですよ。この体内時計によって，たとえば，体温や血圧が夜間から早朝に低く，活動する昼間に高くなるなどの調節がおこなわれているのです。

ふむふむ。

しかし，体内時計のはたらきは，加齢とともに早い時間にずれることがわかっています。

つまり，若いときよりも，体温や血圧の上昇，覚醒をうながすホルモンの分泌量などが早くから上がりはじめてしまうんですね。

ああ，だから早い時間に眠りから覚めるようになってしまうわけですね。

その通りです。そしてもう一つの変化は，睡眠中のノンレム睡眠の減少です。

まず，睡眠には，レム睡眠とノンレム睡眠の2種類があります。レム睡眠は浅く，睡眠中に眼球の運動が活発になるのが特徴で，一方のノンレム睡眠は，レム睡眠よりも深い睡眠です。

レム睡眠は浅い眠り，ノンレム睡眠は深い眠りですね。

そうです。正常な眠りでは，まずノンレム睡眠からはじまって深い眠りに入ります。その後，徐々にレム睡眠へと移行し，再度ノンレム睡眠に入ります。
このくりかえしが一晩に3〜5回おこなわれてから目覚めます。

なるほど。ノンレム睡眠とレム睡眠が規則正しくくりかえされるんですね。

そうです。ところが加齢によってノンレム睡眠の時間が短くなると，睡眠全体を通して浅い眠りとなり，夜中に何度もトイレにおきてしまったり，熟睡したと感じなくなったりすることが多くなるんです。

なるほど，年をとると，夜中にトイレに行く回数がふえると聞きますが，ノンレム睡眠の時間が短くなることも影響しているんですね。

さらに，中途覚醒や早朝覚醒の多い高齢者の睡眠は，若年者よりもかなり短くなります。

それじゃあ，十分に睡眠がとれなくて，つらいですね。

ところが，高齢者にとってはそれで正常なのです。
高齢者の中には，「たくさん眠らなければならない」という先入観から，早くから寝床に入る人が少なくありません。**しかし，早く寝床に入っても眠くなるわけではなく，逆に，睡眠に対する満足度がますます低下する悪循環におちいってしまうんですよ。**

無理に眠ろうとせずに，自然にまかせたほうがいいってことですか。確かに，無理に寝ようとしても眠れるもんじゃありませんからね。

そうです。高齢者の場合，退職や伴侶との死別，経済状況の悪化，病気，服薬（降圧薬，気管支拡張薬，ステロイドなど）が引き金となって，睡眠の質が低下することもあります。
また，うつ病，不安障害，認知症，パーキンソン病，脳血管障害，むずむず脚症候群といった脳神経系の病気や，睡眠時無呼吸症候群，心不全，慢性疼痛など，全身性の病気が不眠症などの睡眠障害を引きおこす場合もあります。

高齢者は，睡眠障害になる環境的な要因がたくさんあるんですね。

重い睡眠障害や，これらの疾患がある場合は，医療機関
での治療が最優先となります。

ですが，そうでない場合には，日中に体を動かしたり，
十分な栄養をとる，眠気を感じてから寝床に入るといっ
た生活習慣を心がけることが重要になります。

1
時間目
"老いる"ってどういうこと？

若年者の睡眠のリズム

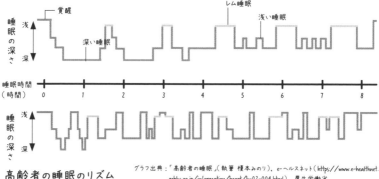

グラフ出典：「高齢者の睡眠」（執筆 榎本みのり），e-ヘルスネット（https://www.e-healthnet.
mhlw.go.jp/information/heart/k-02-004.html），厚生労働省

高齢者の睡眠のリズム

細胞の老化はがんにも関係している

さて，人の体は，200種をこえる細胞で構成されています。
ここまで説明してきたような体の機能の老化は，細胞の
老化と深いかかわりがあるといえます。

確かにそうですね。老化現象を一つずつ見ていくと，結
局は細胞の数がへってしまうことが大きな原因の一つに
なっていましたね。

そうです。私たちの体の組織や臓器をつくっている多くの細胞は，心筋の細胞などを除き，分裂をくりかえしています。

ただし，細胞は永遠にふえるわけではありません。一つの細胞は，約50回分裂するとそれ以上分裂できなくなるように，あらかじめプログラムされています。

50回，という具体的な回数ははじめて聞きました。

そうなんですよ。細胞の分裂の回数をカウントする役割をもつのは，テロメアです。

テロメアは，染色体（DNAが折りたたまれてできる構造体）の末端部分の領域で，細胞が1回分裂するごとに，テロメアは少しずつ短くなっていくのです。テロメアがある長さまで短くなると，その細胞は分裂できなくなります。

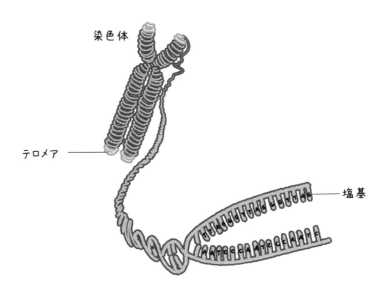

まるで電車の回数券みたいですね。回数券を使いきってしまったら，もう電車に乗れないようなものですね。

うまいたとえですね。まさにその通りです。
普通はこのようにテロメアによって細胞分裂が制御されています。しかし，必ずしもすべての細胞が，ちゃんと機能を維持したまま老化し，寿命をまっとうして終えるとは限らないのです。

事故や災害によって，人生の途中で予期せず命を絶たれることもありますよね……。すべての細胞が必ずしも天寿をまっとうするわけじゃないんですね。

そうなんです。たとえば，紫外線などによってDNAに傷がつき，寿命の前に機能に異常が生じる細胞も多いのです。このDNAの傷は，ある程度まで修復されますが，損傷がひどくて修復不可能な場合は，まだテロメアが長くても分裂を停止させ，**細胞死（アポトーシス）**を引きおこすシステムがはたらきます。

えっ？　細胞がみずから死ぬってことですか？
ちょっとショック……。

確かにそう感じるかもしれません。しかし，損傷した細胞を放っておくとがん細胞に変化し，組織や臓器の機能不全を引きおこし，命をおびやかしかねません。
細胞死というしくみは，そうならないようにするためにあるのです。

細胞がみずから犠牲となって，生命を守るわけですか。すごいシステムだなあ。

そうでしょう。さて，細胞の老化には，細胞周期が深くかかわっています。

細胞周期とはその名の通り，**一つの細胞が1回分裂するまでの周期**のことをいい，細胞周期を制御するために，さまざまな遺伝子が協調してはたらいています。

特に，細胞死をおこさなければならないような"緊急事態"の際には，p53，p21，p16 などの遺伝子が連携してはたらき，強力に，元に戻らないように，分裂を停止させます。

いろいろな遺伝子が協力して細胞死を引きおこすんですね。

はい。**ところが，がん細胞では，このシステムが正常にはたらきません。がん細胞では，分裂周期を制御する遺伝子にさまざまな傷ができており，ふえ続けてしまうことがわかっています。**

特に多いのが，p16の機能の異常です。現在，世界中でp16の機能を回復させる，あるいは別の遺伝子などを機能させることを目指したがん治療研究が進んでいるといいます。

がん細胞って，遺伝子に傷ができた異常な細胞ということなのか……。こわいですね。

また，最新の研究により，**普通に老化して分裂寿命を終え，そのまま組織や臓器に残存した老化細胞も，体に悪い影響を与えることがわかってきました。**

老化した残存細胞はSASPという物質を分泌し，その中に，慢性的な炎症や周囲の細胞のがん化を引きおこすものがあるといわれているのです。

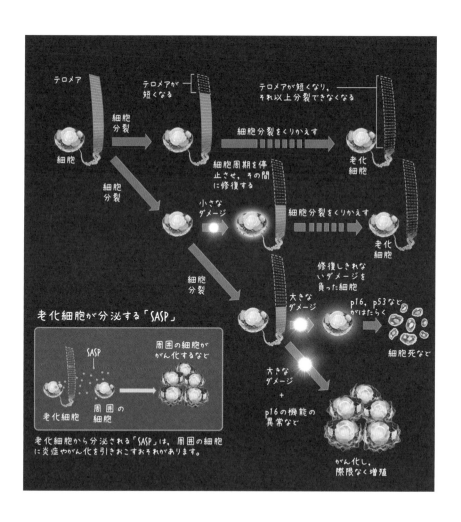

テロメア

テロメアが短くなる

テロメアが短くなり，それ以上分裂できなくなる

細胞分裂

細胞

細胞分裂をくりかえす

老化細胞

細胞分裂

細胞周期を停止させ，その間に修復する

小さなダメージ

細胞分裂をくりかえす

老化細胞

細胞分裂

修復しきれないダメージを負った細胞

大きなダメージ

p16，p53などがはたらく

細胞死など

老化細胞が分泌する「SASP」

SASP

周囲の細胞ががん化するなど

老化細胞

周囲の細胞

老化細胞から分泌される「SASP」は，周囲の細胞に炎症やがん化を引きおこすおそれがあります。

大きなダメージ ＋ p16の機能の異常など

がん化し，際限なく増殖

細胞が老化したり，死んだりするって……心配です。
でも先生，新しい細胞も生みだされているわけですよね？
たとえば皮膚などは，基底層にある細胞から新しい細胞
が生まれるターンオーバーのお話がありましたけど，細
胞は毎日，新しいものに置きかわっているのではないで
すか？
だとしたらなぜ，加齢とともに体の各部の機能が低下し
ていくのでしょうか。

確かに，新しい細胞は生まれています。しかし，鍵をに
ぎるのは，新たに細胞をつくりだす幹細胞の機能の老化
なのです。

幹細胞？

はい。ヒトの体内には，ある決まった範囲の細胞に分化
する組織幹細胞という，特別な細胞があるのです。
iPS細胞って，聞いたことありませんか？

ニュースで見たことあります！　いろいろな細胞になる
細胞で，再生医療が大きく進歩すると話題になっていま
した。

そうです。iPS細胞は多機能性幹細胞とよばれるもの
で，人工的に生みだされた幹細胞です。

そもそもヒトの体にある組織幹細胞は，必要なときに必要な分だけ分裂し，分裂してできた細胞のうち一部が，古くなった細胞に置きかわります。

たとえば，赤血球，白血球，血小板などの血液細胞は，すべてが造血幹細胞という組織幹細胞からつくりだされています。

幹細胞には，テロメアはないんですか？

もちろん，幹細胞の染色体にもテロメアはあります。しかし幹細胞には，テロメアの長さを維持するテロメラーゼという酵素があり，テロメアを合成し続けています。このため細胞分裂の回数に上限がなく，個体が死をむかえるまで，新たな細胞が供給され続けるのです。

なるほど。組織幹細胞には制限がないんですね！

ところが，組織幹細胞の分裂能力（自己複製能）と，ある範囲の細胞に分化できる能力（多分化能）は，いくつかの理由により，衰えると考えられています。

理由の一つは，年月とともに，遺伝子レベルの異常が少しずつ蓄積されていくためです。

つまり，高齢者と新生児をくらべると，高齢者の幹細胞には遺伝子の変異が蓄積されていて，そこからつくられる細胞の質はかなり低下していると考えられるのです。

確かに，赤ちゃんと高齢者の細胞が同じとは考えにくいかも……。組織幹細胞の遺伝子も，少しずつ傷ついていくんですね。

はい。一方で，組織幹細胞に栄養や情報伝達物質などを供給する細胞も存在します。

これらの細胞は栄養などの供給を調節することで，組織幹細胞の複製や分化を制御する**ニッチ**とよばれる環境をつくっています。しかし，そうした細胞も老化していき，ニッチの機能も低下します。

この現象も，組織幹細胞の機能低下に拍車をかけると考えられています。

ふむふむ。組織幹細胞自体ではなく，それを助けてくれる細胞たちが老化していくことで，組織幹細胞の機能が低下するってことなんですね。

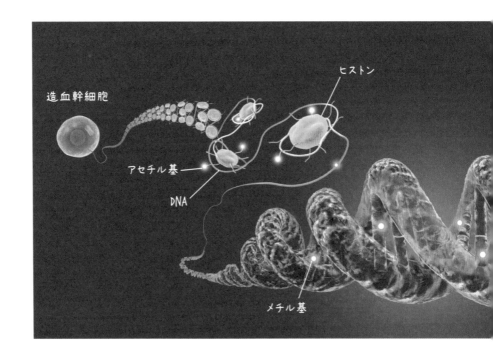

その通りです。このほか，組織幹細胞の老化と**エピゲノム**の関係も指摘されています。

エピゲノムとは，DNAの一部に化学物質が結合するなどして，遺伝子の機能を調節する現象のことです。

近年の研究で，加齢とともに生じる造血幹細胞のエピゲノムの異常が，造血幹細胞の機能を低下させていることがわかっています。

先生，ということは結局，さまざまな老化現象には，組織幹細胞の老化がかかわっていそうですね。

そうですね。2時間目では，**遺伝子**に注目して，老化のメカニズムについて見ていきましょう。

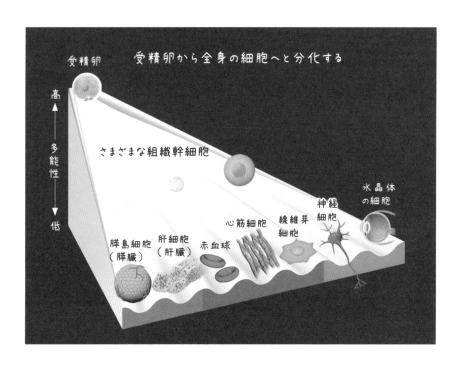

受精卵から全身の細胞へと分化する

受精卵

高　←　多能性　→　低

さまざまな組織幹細胞

膵島細胞（膵臓）　肝細胞（肝臓）　赤血球　心筋細胞　線維芽細胞　神経細胞　水晶体の細胞

2

時 間 目

"老化と長寿" の
メカニズム

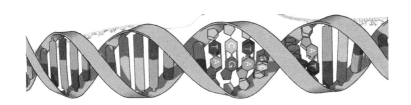

 # 老化と遺伝子

老化の原因をたどっていくと，細胞の老化に行きつきます。ここでは，遺伝子に焦点を当て，老化や，長寿の秘密について解き明かしていきます。

「長寿遺伝子」が寿命をのばす！？

 現在，老化は遺伝子と大きな関係があるとされています。2時間目では，長寿な人は普通の人と何がちがうのか，そして老化を食い止めるにはどうすればよいかを，遺伝子レベルで考えていきましょう。
さて，突然ですがあなたは腹八分目に医者いらずということわざをご存じでしょうか？

 「腹八分目」というのはよく聞きますね。お腹いっぱいじゃなくて，ほどほどがよいという意味ですよね？

その通りです。だいたい8割の満腹度で食事をやめれば、食べすぎにならず健康になれるという意味です。

なるほど。このことわざが、老化や遺伝子と関係あるんですか?

そうなんです。実は、「腹八分目」には、たんに食べすぎを防ぐ以上の効果があるのではないかと考えられはじめているのです。**つまり、摂取カロリーを制限することで寿命がのびたり、さまざまな老化現象を防いだりすることができるというのです。**

そうなんですか!?
年をとると食が細くなるから、なるべくならたくさん食べたほうが健康にいいと思っていました。

1935年、アメリカの栄養学者**クライヴ・マッケイ**（1898～1967）らは、摂取カロリーと寿命の関係を調べる実験をおこないました。
通常のカロリー摂取をするラット群と、通常の摂取カロリーの80％におさえたラット群とで、その寿命を比較したのです。すると、**摂取カロリーを80％におさえたラット群の寿命が、約20%のびたことが報告されたのです。**

20％も？　本当ですか?

はい。さらに、アメリカのウィスコンシン大学では、1980年ごろから20年以上にわたり、アカゲザルをつかった同様の実験をおこないました。

その結果，**通常の摂取カロリーを70％におさえたアカゲ**
ザルのグループは，糖尿病などの病気にかかりにくくな
り，脳の萎縮もおさえられたといいます。

実証されているんですね！
でも，なぜカロリーを制限すると寿命がのびたり，病気
にかかりにくくなるんでしょう？　食べることをおさえ
るのって，逆に身体によくないと思っていました。

この現象にかかわっていると考えられているのが，長寿
遺伝子ともよばれるサーチュイン遺伝子です。

ちょ，長寿遺伝子〜!?

はい。サーチュイン遺伝子は，もともと酵母から発見さ
れた遺伝子で，哺乳類はSirt1からSirt7までの7種
類のサーチュイン遺伝子をもっていることがわかってい
ます。

7種類も！　そのサーチュイン遺伝子が，どういうしくみ
で寿命をのばしているんでしょうか？

サーチュイン遺伝子は，サーチュインタンパク質と
いうタンパク質の設計図となっています。サーチュイン
タンパク質は，細胞内で，老化を防ぐさまざまな作用を
おこすと考えられています。
摂取カロリーを制限すると，このサーチュイン遺伝子（主
にSirt1）が活性化されて，サーチュインタンパク質がた
くさんつくられると考えられているのです。

また，Sirt1からつくられるSirt1タンパク質は，NAD^+という分子と結合してはたらきます。摂取カロリーを制限すると，このNAD^+が多くつくられ，そのことによって，Sirt1タンパク質のはたらきが活性化することも報告されています。

むずかしい〜！
とにかく，摂取カロリーを制限すると，サーチュインタンパク質が活性化するんですね。すると，具体的にどういうことがおきるんでしょうか？

たとえば，Sirt1タンパク質は，周囲のタンパク質からアセチル基という部分を取り除く能力をもっています。さまざまなタンパク質からアセチル基が取り除かれることで，97ページのイラストに示したような，老化の予防につながる多くの作用がおきると考えられています。

複雑だなあ……。

さまざまな作用の中でも特に注目されているのが，サーチュインタンパク質のDNAを安定化させるはたらきです。

DNAを安定化？

まず，DNAは細胞の核の中で，ヒストンというタンパク質に巻きついて存在しているんですね。
サーチュインタンパク質は，このヒストンに結合して，ヒストンにくっついているアセチル基を外すはたらきをもっているんです。ヒストンからアセチル基が外れると，DNAはよりしっかりと，ヒストンに巻きつくようになります。

つまり，**サーチュインタンパク質がよくはたらくと，DNAがヒストンにしっかりと巻きついて，**安定した状態で収納され，傷がつきにくくなるんです。これが老化を防ぐしくみの一つではないかと研究が進められています。

 へええ～！

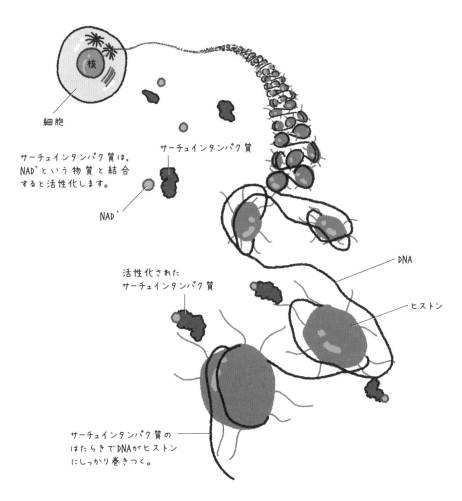

細胞

サーチュインタンパク質は，NAD^+という物質と結合すると活性化します。

サーチュインタンパク質

NAD^+

活性化された
サーチュインタンパク質

DNA

ヒストン

サーチュインタンパク質の
はたらきでDNAがヒストン
にしっかり巻きつく。

ポイント!

摂取カロリーを制限すると, サーチュイン遺伝子が活性化し, 周囲のタンパク質からアセチル基が外れる (脱アセチル化)。すると, DNAの安定化などの作用により, 老化の予防につながると考えられている。

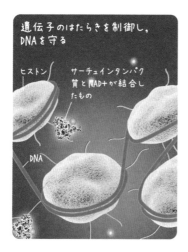

遺伝子のはたらきを制御し, DNAを守る

ヒストン

サーチュインタンパク質とNAD+が結合したもの

DNA

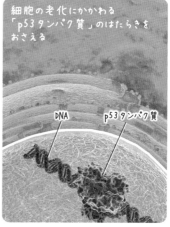

細胞の老化にかかわる「p53タンパク質」のはたらきをおさえる

DNA　　p53タンパク質

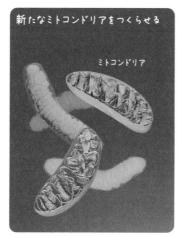

新たなミトコンドリアをつくらせる

ミトコンドリア

細胞の"リサイクル作用"を促進させる

膜　機能不全になったミトコンドリア

不要になったタンパク質

タンパク質を分解する酵素

1. 膜ができる

2. 膜にかこまれる

3. 膜に完全につつまれる

4. 分解されはじめる

5. 分解される

整理すると，カロリー制限をすることで，サーチュインタンパク質が活性化し，周囲のタンパク質からアセチル基が外れます。それが，DNAの安定化などのさまざまな作用をおこし，老化を防ぐと考えられているわけですね。

こんなしくみ，よく解明できますね……。

ただし，ヒトではまだ，カロリー制限に寿命延長効果があるのかはわかっていません。

また，ワシントン大学では，ヒトのカロリー制限実験もおこなわれました。その結果，カロリー制限を1年間おこなった人は骨密度が低下したり，体内のタンパク質がブドウ糖と反応（糖化）した割合を示す**糖化度**が高まったりしたといいます。糖化したタンパク質は，細胞や組織の機能を劣化させることが知られています。

やっぱり，カロリー制限はよくなさそうですね。

そうですね。単に食事の摂取量を減らすだけでは，かえって悪影響をもたらす可能性もあるといえそうです。
カロリー制限やサーチュイン遺伝子のはたらきには不明な点も多く，さらなる研究が必要といえるでしょう。

110歳まで"健康に"生きる「スーパーセンテナリアン」

人生100年時代といわれていますけど，日本では100歳以上の人って，どれくらいいるんですか？

厚生労働省によると，100歳以上に到達する人は年々ふえており，100歳以上の人口は，50年連続で増加しています。2022年9月1日時点で，100歳以上の高齢者は日本全国に**9万526人**もいるとのことです。
これは前年同時期よりも4016人増加し，ついに9万人を突破しました[1]。

100歳以上の人が9万人もいるんですか！

はい。100歳以上の人を**百寿者**，105歳以上の人を**超百寿者**とよびます。そして，百寿者のうち，110歳以上の人を**スーパーセンテナリアン**とよびます。

百寿者，超百寿者，スーパーセンテナリアンの総人口に対する割合（2015年国勢調査）

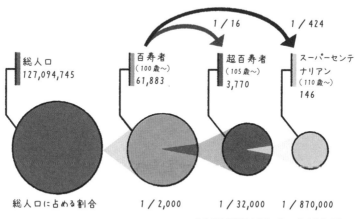

平成27年国勢調査結果に基づき新井康通作図

※1：厚生労働省「令和4年 百歳以上高齢者等について」，2022年9月15日

はじめて聞きました。　何だかヒーローっぽくてカッコいいですね！　どういう意味なんですか？

「世紀（100年）」を意味する英語のCentury（センチュリー）から，1世紀をこえた年齢ということで，こうよばれています。

そうか，よく考えたら1世紀以上生きていることになりますね。すごい！

そうですよね。さらにすごいことは，スーパーセンテナリアンの最大の特徴は，生活の自立が保たれている人が多いということなんです。

スーパーセンテナリアンは単に長生きというだけではなく，健康寿命が100歳をこえる，理想的な健康長寿を実現していることが多いため，非常に注目されているんです。

え，ちょっと待ってください。110歳をこえている人が，バリバリに自立しているんですか？

ええ，事実なんですよ。

バーセル指数という，移動や食事，排泄など，「生活に最低限必要な行動をどれぐらい自立しておこなうことができるか」を100点満点で示した数値があります。

バーセル指数の数値を，超百寿者，スーパーセンテナリアンで比較したところ，スーパーセンテナリアンはほかの長寿者よりもバーセル指数の平均値が高いことがわかっているのです[※2]。

※2：超百寿者とスーパーセンテナリアンは100〜104歳時点のときの数値で比較。

へぇ～！ 不思議ですね。反対ならわかるのですが。

 また，スーパーセンテナリアンは，糖尿病の有病率が一般の高齢者にくらべて低いことも特徴です。
そもそも100歳以上の人の糖尿病の有病率は6%で，一般の高齢者にくらべると約3分の1なんです。

百寿者の生活機能（ADL）と認知機能
東京百寿者研究（2000-2002年，304人の調査）

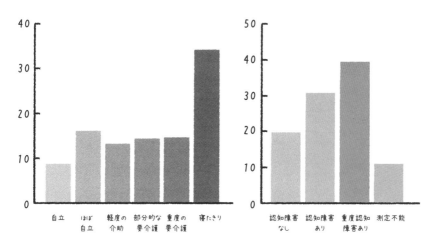

Gondo Y, et al. J Gerontol Med Sci 2006 より作成

 長寿になればなるほど弱っていってしまう印象ですけど，むしろ健康なんですね。

ええ。中でもスーパーセンテナリアンの糖尿病有病率は，百寿者8.2%，超百寿者6.3%とくらべても低く，**3.5%**なんです。**ほかにも，スーパーセンテナリアンは高血圧の有病率が低いことや，脳の機能が維持されていることなどが知られています。**

ええ〜！　すごいですね。なぜスーパーセンテナリアンは，それほど元気なんでしょう？

スーパーセンテナリアンの健康長寿の秘密は，実はまだよくわかっていません。いかに超高齢社会とはいえ，スーパーセンテナリアンは数がかなり少なく，その実態の調査があまり進んでいないためです。

残念ですね……。
それがわかれば，何か長生きのヒントになるかもしれませんよね。

そうですね。しかしそんな中でも，スーパーセンテナリアンの血液中には，CD4陽性キラーT細胞という特殊な免疫細胞が多いことがわかっています。

CD4陽性キラーT細胞，ですか。

また，心臓に負荷がかかった際に分泌される物質で，心不全の診断などにもちいられるNP-proBNPの血中濃度が低いほど，110歳以上まで到達する可能性が高まることもわかっています。

そうした免疫細胞や物質がどのように影響しているかは
わかりません。ですが今後，さらなる研究により，スー
パーセンテナリアンの謎が解き明かされていくことが期
待されています。

「スーパーセンテナリアン」がもっている遺伝子とは

先生，ぜひともスーパーセンテナリアンの秘密を解き明
かしてほしいですね！　今のところ，スーパーセンテナ
リアンの研究には，どのようなものがあるんですか？

先ほどお話ししたように，スーパーセンテナリアンの人
口は非常に少なく，日本でもいまだに希少な存在で，世
界規模で見ても，実際に調査した研究は限られています。
その数少ない研究の中の一つに，スーパーセンテナリア
ンの長寿の秘密は，世界の高齢者の死因の第1位を占め
る心血管病に対する防御機構を備えているのではない
か，という仮説をもとにした研究があります。

ふむふむ。

この研究は，百寿総合研究センターが運用する東京百
寿者研究をはじめ，全国超百寿者研究，TOOTH
研究（長寿社会における高齢者の暮らし方に関する学術
調査：The Tokyo Oldest Old Survey on Total health）
の三つの機関がおこなった超高齢者コホート研究の
データを解析したものです。

コホート研究とは，病気の要因やその原因を調べるために，たくさんの人を長期間にわたって観察する手法のことをいいます。

 どんな研究結果が出ているんですか？

 その結果，スーパーセンテナリアンは脂質異常症や糖尿病などの生活習慣病にかかっている人が少ないことがわかったのです。

また，心電図を見ると，左室肥大（心臓の左心室の筋肉が肥大する状態）の割合も低く，56.3％が心血管病治療薬の投薬を受けていませんでした。ただし，慢性腎臓病の有病率は増加していました。

ポイント！

スーパーセンテナリアンの特徴①

・脂質異常症や糖尿病など，生活習慣病にかかっている人が少ない。

・半数以上が心血管病治療薬の投薬を受けていない。

 へええ〜！　高齢になればなるほど，薬をたくさん飲んでいるイメージでしたが，半分以上が心血管病の治療薬を飲んでいなかったというのは意外ですね。

また，観察期間中に，全体で1000人（70.1％）の対象者が死亡しました。その際に，心血管病や炎症，臓器予備能（臓器がどれだけストレスに耐えられるか）に関する病にかかわる，九つのバイオマーカー（生体的な指標）を調べ，死亡率とどのようなかかわりがあるのかを調査しました。

すごい調査ですね……。

その結果，NT-proBNT（神経内分泌因子），インターロイキン-6（炎症反応にかかわる指標），シスタチンC（腎機能の状態をあらわす指標），コリンエステラーゼ（肝予備能の状態にかかわる指標）の四つの数値が，心血管病リスクとは別に，年代別の総死亡率と関係していることがわかったのです。

これらは長寿とどんな関係があるんですか？

この四つの分子のうち，**NT-proBNPは，その血中濃度が低いほど110歳以上まで到達する可能性が高いことがわかりました。**特に105歳以降の寿命と強くかかわっていることが明らかになっています。

NT-proBNP ってさっきも登場しましたけど，この濃度が低いと，なぜ長生きにつながるんですか？

NT-proBNPの血中濃度は，虚血性心疾患や心臓弁膜症，心房細動など，さまざまな心臓病で上がります。
そのためNT-proBNPの指標は，心不全の診断や重症度の指標として日常的に臨床でも応用されているんですよ。

NT-proBNPの数値が高いと，心臓病のリスクが高まるわけですね。スーパーセンテナリアンは，それが低いのか。

一方で，NT-proBNPは，腎機能の低下や加齢によって上昇することも知られています。つまり，心臓病や重大な心電図異常がない百寿者でも，加齢とともにNT-proBNP濃度が自然と高くなっていくんですね。
ですから，もともとこの数値が低いというより，**スーパーセンテナリアンは，百寿者にくらべて心腎循環システムの老化が遅く，そのため加齢にともなう血中のNT-proBNPの上昇が遅いことが，究極の長寿者の，重要な生物学的特徴ではないかと考えられているのです。**

ポイント！

スーパーセンテナリアンの特徴②

NT-proBNT（神経内分泌因子）の数値が低い
……NT-proBNPの血中濃度は加齢とともに高まっていくが，スーパーセンテナリアンは心腎循環システムの老化が遅く，NT-proBNPの上昇が遅い。

なるほど……。でも，もともとの心腎循環システムの老化が遅いのはなぜなんでしょう？

まさにそこなんですね。今後は，全体的な遺伝子解析や遺伝子の発現解析，タンパク解析など，最新の解析技術を導入し，スーパーセンテナリアンの心臓血管系の老化が遅いメカニズムを，分子レベルで解明しようとしているんです。

そのしくみがわかれば，高齢者の心血管病の予防法や新しい治療法の開発につながるかもしれませんね！

そうですね。
私たちの体の中で，心臓と腎臓は密接に協調して血圧や体液量を調節し，全身に十分な血液を送るために重要なはたらきをしています。心疾患によって心臓のはたらきが悪くなると，腎臓のはたらきも弱くなります。
また，糖尿病や高血圧が適切に治療されないと腎臓が弱り，心臓のはたらきも悪くなるという悪循環になります。これを心腎連関症候群といいます。

心臓と腎臓って協働してるんですね。

次のページのイラストは，循環器系を流れる血液の状態がどのように変化するのかをえがいたものです。
加齢によりNT-proBNP濃度は高くなります（心疾患のリスクが高まる）。ですから，**究極的には，心臓と腎臓の老化にともない，循環動態が不安定になることが，ヒトの寿命を規定すると考えられます。**

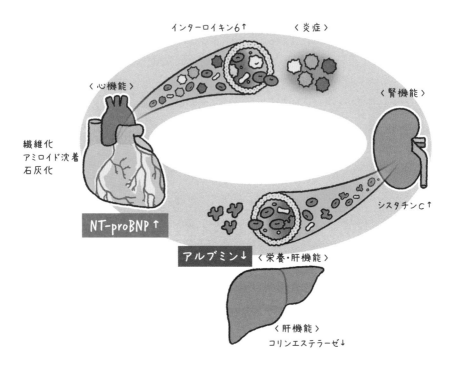

インターロイキン6↑ 〈炎症〉

〈心機能〉

繊維化
アミロイド沈着
石灰化

〈腎機能〉

NT-proBNP↑

シスタチンC↑

アルブミン↓ 〈栄養・肝機能〉

〈肝機能〉
コリンエステラーゼ↓

スーパーセンテナリアンは糖尿病などの生活習慣病や心臓病の既往が少なく，心臓と腎臓の老化が遅いことが大きな特徴であることがわかりました。**このことから，生活習慣病を予防し，心臓と腎臓を大切にすることが健康長寿への第一歩といえるでしょう。**

細胞の傷が積もり積もって老化を引きおこす

このように，老化に関係する病の研究や長寿に関する研究は，世界的に関心が高くなっています。WHOが発表した『加齢と老化』の調査報告書には，亡くなる直前まで健康だった高齢者の特徴として，身体的な能力が年をとっても衰えていないという特徴がありました。

亡くなる直前まで健康＝身体的な能力が衰えていない……。最初に，「健康寿命が鍵」というお話がありましたけど，健康寿命と老化ってすごくつながってる感じですね。でも先生，なぜ身体的な能力が衰える人とそうでない人がいるんでしょうか？　そこが疑問ですね。

実は，老化や長寿の疑問に一石を投じる論文が，2013年に，『Cell（セル）』という医学雑誌に発表されているんです。スペインのオビエド大学腫瘍学研究所のカルロス博士らが発表した『老化の研究』という論文です。

どんな内容だったんですか？

論文によると，まず，老化は細胞の損傷が長い時間積み重なることが原因でおきると考えられます。
加齢にともなって細胞の損傷がおこることで，それを修復しようとする特定の細胞の活動が活発になったり，特定の細胞が過剰に増殖したりします。そして，それによって異常な細胞間コミュニケーションがおこり，老化が引きおこされるとされています。

細胞の傷って，1時間目でもお話がありましたね。

はい。カルロス博士らは，特に哺乳類の身体機能の低下につながる老化の特徴として，細胞を損傷させる九つの原因をあげています。
次のイラストを見てください。

ヒトの細胞損傷にかかわる九つの原因

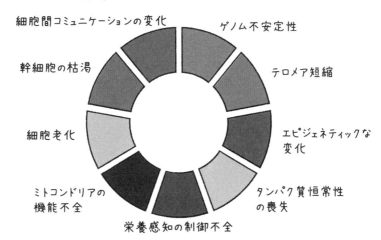

カルロス博士らが，老化に関するさまざまな論文から
ヒトの細胞損傷に関わる原因を九つにまとめました。

老化につながる細胞の損傷の原因って，こんなにあるんですね。

はい。つまり老化は一つの原因でおこるのではなく，さまざまな原因が複合的に重なり合い，長い時間を経ることで表面化していくんですね。

これらの九つの細胞損傷にかかわる原因は，相互にかかわりがあり，どれか一つを改善することで，健康寿命をのばすことにつながると考えられています。

現在，この九つの原因の研究が進められているんですよ。

老化を引きおこす犯人像が，だんだんしぼられてきている感じですね！

健康寿命の鍵をにぎるBubR1遺伝子

加齢にともなって，筋力や神経伝達速度，病気への抵抗力の低下などが生じるとお話ししました。

中でも，ゲノム（遺伝情報）の不安定性については，いろいろな研究が進んでいます。

遺伝子が不安定になるんですか？

はい。早老症という，若い年齢で老化がはじまる病気があります。その代表的なものに，ドイツの医師オットー・ウェルナー（1879〜1936）によって報告されたウェルナー症候群があります。

2
時間目

"老化と長寿"のメカニズム

ウェルナー症候群は，通常の2倍の速度で老化が進行します。思春期を過ぎる時期から急激に老化が進行し，白髪や脱毛，若年性白内障，筋肉の老化，糖尿病や脂質異常症など，あらゆる老化の兆候があらわれます。

思春期から老化がはじまる……。
つらいですね。

この病気はDNA損傷の蓄積が原因と考えられています。**ウェルナー症候群の患者では，DNAの損傷を修復するのに必要な遺伝子に異常がおきています。そのためDNAの損傷が蓄積しやすく，いろいろな症状が出ると考えられています。**
非常に稀な病気で，発生するのは5万人から6万人に1人といわれていますが，患者の約6割が日本人で，日本人に多い病気といえます。

ウェルナー症候群の原因は，DNAの損傷なんですね。

ええ。早老症における老化と，正常な老化との関連性は，いまだに解明されていないものの，正常な老化も，DNAの損傷の蓄積が原因の一つだと考えられています。
ただし，DNAが損傷する原因はさまざまです。たとえば，複製時にまちがいがおこる場合もありますし，活性酸素によって損傷することもあります。また，突然変異や，染色体の増加や損失，ウイルスによる遺伝子の破壊がおきることもあります。

うーむ。DNAの損傷は，いろいろな原因が考えられるから，しぼりきれないんですね。

1時間目でもお話ししましたが，そもそもDNAは損傷する可能性を常にもっています。だからこそ，細胞にはDNAを修復する機能がもともと備わっているのです。体のDNA修復機構が衰えることで，老化が進行することがわかっています。

DNAのさまざまな傷

DNAの中では，「ATGC」の4種類の塩基が，決まったパターンで並んでいる。その塩基の位置が入れかわったり，間隔がつまったりすることを，DNAの傷（変異）という。

正しい塩基配列

置換　AがGに置きかわった

挿入　TとCの間にAとGが割って入った。

欠失　CとTの間のAが失われ，間がつまった。

DNAの損傷を何とかできれば，老化を防いだり，早老症のような病気も解決できそうなのになあ。

そうですね。DNAの修復や安定性にかかわる遺伝子は数多くあり，研究が進められています。
たとえば，近年注目されている遺伝子の一つに，BubR1（バブアール・ワン）というタンパク質の遺伝子があります。

バブアール・ワン？
初めて聞きます。

BubR1は，細胞が分裂するときに，染色体の数を維持するはたらきをもっているタンパク質です。
これまでの研究で，BubR1の量が減ることによって老化が進行し，さらにがんがふえることもわかっています。

ドンピシャではないですか！

はい。また，BubR1の減少は老化の特徴でもありますが，これまでは，それが老化にどのような影響が与えるのかわかりませんでした。それが最近わかってきたのです。

すごい！

老化とがんの老化細胞について研究をしているアメリカのダレン・ベイカー博士らの研究チームは，老化が進んでも，BubR1の数が高水準で保たれるように遺伝子を組み換えたマウスをつかって，BubR1の機能について研究しました。

その結果，**BubR1の数が高い水準で維持されていると，ゲノムの安定性が維持されるだけでなく，細胞のがん化がおさえられることがわかった**のです。

おおっ！　これは，がん治療に朗報ではないですか！

それだけではありません。
BubR1の数が高い水準で維持されていると，いくつかの細胞組織で寿命がのびて，加齢にともなう細胞の劣化や異数体化（染色体の数は，通常は整数倍であるのに対し，細胞分裂の異常などによって，1〜数本増減してしまう状態になること）を遅らせることも明らかになったのです。

まさに老化を防いでいるではないですか！

そうなんです。**BubR1の遺伝子を調節することで，健康寿命をのばせる可能性があることがわかってきた**のです。

ポイント！

BubR1の数が健康寿命の鍵！？

BubR1の数が高水準で保たれると，ゲノムの安定性が維持され，細胞のがん化がおさえられる。また，いくつかの細胞組織の寿命がのび，加齢による細胞の劣化や異数体化を遅らせることができる。

テロメラーゼ酵素が細胞の老化を止める

細胞の老化の鍵をにぎっている一つに，テロメアがあります（82ページ参照）。ここでは，テロメアのしくみについて，もう少しくわしく見ていきましょう。

テロメアって，染色体の端にあって，電車の回数券みたいに，細胞の分裂の回数をカウントしている部分ですよね。

はい。細胞が分裂・増殖するには，自分自身のDNAを複製させなければなりません。ところが，2本の鎖でらせん状にかたちづくられているDNAの両端部分は完全に複製できず，複製のたびに徐々にへり続けていきます。テロメアは，このDNAの末端を保護する役割もあるんですね。

なるほど……。テロメアって，大事な部分を保護するキャップみたいなものでもあるんですね。

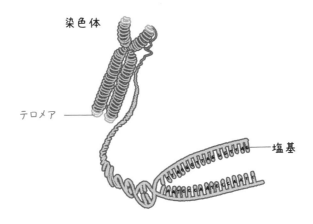

染色体

テロメア

塩基

116

うまいたとえですね。その通りです。

さて，テロメアの長さが限界に達すると，DNA鎖がむきだしになり，細胞分裂ができなくなります。これが細胞の老化です。

そして，この機能があることで，異常な増殖性をもった細胞ががん化するのを防いでいるわけです。

そうでしたね。でもがん細胞はそうではないと……。

そうです。加齢によってがん細胞が発生し，無限に増殖するのは，テロメラーゼとよばれる，テロメアをのばす酵素が活性化するためだと考えられます。

テロメラーゼは，新しく細胞をつくりだす幹細胞のところで出てきましたね（87ページ）。

テロメラーゼによってテロメアが合成され続けるから，幹細胞では細胞分裂の回数に上限がなく，ずっと新しい細胞が供給され続けるということでした。でも結局，いずれは老化してはたらかなくなるということでしたが……。

その通りです。よく覚えていましたね。

がん細胞もテロメラーゼによってテロメアが再生しているので，老化せずに増殖ができてしまうわけなんです。

そこで，もしがん細胞ではなく，体細胞のテロメアを再生させることができれば，細胞の老化を食い止めることができるかもしれません。このような研究が世界中でおこなわれているのです。

なるほど。逆転の発想で，がんではなく細胞の老化を抑制するためにテロメアを使えないか，ということですね。

はい。たとえば，マウスは，通常の細胞でもテロメラーゼをもっています。ハーバード大学の**マリエラ・ヤスケリオフ博士**らは2011年に，テロメラーゼをわざと欠損させたマウスをつかった研究をおこないました。

テロメラーゼを欠損させる？
それだと老化が早まってしまうのではないですか？

それがポイントなんです。
この研究では，テロメラーゼを欠損させることによって生じる早期老化の症状を，テロメラーゼを再び活性化させることで元に戻すことができる，という結果が示されたのです。

えーっと……，ということは，ちょっとまってください，テロメアって元に戻せるってことですか!?

その通りです。テロメアには，元に戻すことができる（可塑性）特徴があることがわかったんです。
つまり，**テロメラーゼを活性化させる，すなわちテロメアを元に戻すことで，老化を抑制する治療の可能性が示されたわけです。**

すごい！

また，スペインの国立がんセンターでは，**ブルーノ・ベルナルデス・デ・ジーザス博士**らによって，テロメラーゼの遺伝子の一部を，無害なウイルスをつかってマウスに投与し，全身のテロメラーゼを活性化させる研究がおこなわれました。

 ど，どんな結果が出たんですか!?

 この研究では，マウスのがん発生率を増加させることなくテロメラーゼを活性化させ，老化を遅らせることができたのです。その結果，マウスの寿命をのばすことに成功しました。

 うわ〜！　不老の治療もそう遠くない未来のお話かもしれないですね。

ポイント！

テロメアを活性化させて寿命をのばす!?
欠損したテロメアは，テロメラーゼを活性化させることで再生することができる。この性質をもちいれば，老化を抑制する治療ができるかもしれない。

老化にかかわるエピジェネティクス

先生，老化についての研究って，実はずいぶん進んでいるんですね！　老化を止めることができるかもしれないなんて，おどろきましたよ！

そうですね。私たちの体をかたちづくる体細胞の老化については，近年，分子や遺伝子レベルでの研究が進んでいます。老化現象についても，次々と新しい説が発表されているんですよ。

老化についての新しい説，ですか。どんなことでしょう？

まず，私たちの体をつくっている心臓や胃，肝臓や腎臓，筋肉はそれぞれことなった細胞でつくられていますよね？

それは，確かにそうですね。

でも，もともとはどの組織の細胞も，受精卵という1個の細胞から生まれています。また，どの細胞も基本的に同じ遺伝情報をもっています。
なのになぜ，心臓や胃，肝臓や腎臓など，おのおの独自の形になるんでしょうか？

へ？　えーっと……，そういわれると確かに変ですね。
どうしてなんだろう？

なぜ，1個の細胞からことなる細胞になっていくのか。そのしくみの一つが，エピジェネティクスです。

 えぴじぇねてぃくす？
はじめて聞きます。何ですかそれは？

 まず，DNAの構造をざっと説明しておきましょう。DNAは，細長い2本の鎖が向かい合った，2重らせん構造になっています。それぞれの鎖の上には，アデニン（A），チミン（T），グアニン（G），シトシン（C）の，4種類の塩基という物質が並んでいます。この4種類の塩基の並び順で，遺伝情報を保存しているのです。

DNAの構造

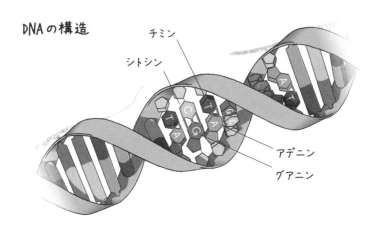

チミン
シトシン
アデニン
グアニン

 エピジェネティクスは，DNAの四つの塩基の配列はそのままに，あとからいろいろな"目印"が結合したりすることによって，遺伝子の機能を調節したり制御したりするシステムのことをいいます。

そんな機能があるのか……。
そのシステムはどんなふうにはたらくんですか？

エピジェネティクスの変化によって，遺伝子の発現のオン・オフを決定するのです。 遺伝子情報がオンかオフかによって，細胞に必要なタンパク質が合成されたりされなかったりするんです。

オン・オフ……？

たとえば，筋肉の活動に必要なタンパク質は，筋肉の細胞のDNAでつくられますよね。
これは，筋肉の細胞では，筋肉に必要なタンパク質の遺伝情報がオンになっているからです。しかし筋肉に必要なタンパク質は，肝臓の細胞でつくられることはありません。つまり，肝臓の細胞では，筋肉に必要なタンパク質の遺伝情報はオフになるわけです。
このオン・オフ機能がエピジェネティクスというわけです。

なるほど。同じ遺伝情報をもっていても，エピジェネティクスによって，細胞ごとに使う遺伝子が切り替えられるわけですね。うまくできてますねえ。

エピジェネティクスには，主にDNAのメチル化とヒストン修飾があります。
簡単にいうと，DNAのメチル化とはDNAにメチル基という"目印"がつくことです。DNAのメチル化がおきると，遺伝子はオフの状態になります。

一方，ヒストン修飾というのは，DNAを巻きつけるヒストンに"目印"がつくことです。ヒストン修飾がおきると，遺伝子はオンの状態になります。

ポイント！

エピジェネティクス
遺伝情報をオンまたはオフに切り替えることによって，細胞に必要なタンパク質の合成を調節する機能。

メチル化
DNAにメチル基が結合して，遺伝情報がオフになる。

ヒストン修飾
ヒストンが化学的な修飾を受けることで，遺伝情報がオンになる。

 そして，**このようなエピジェネティックな変化が老化に関係していると考えられているのです。**

 えっ！　なぜですか？

 たとえば**メチル基**は，とても小さな化学的構造（化学基）の一つです。このメチル基がDNAに結合することで，その遺伝子からはタンパク質が合成されなくなるんですね。これがDNAのメチル化のしくみです。

なるほど……。
メチル化のほうは，何というか，DNAが抑制されちゃってる感じですね。

はい。DNAは，いわば生命の"設計図"といえるものです。メチル化は，各細胞への分化などに必要な機能ですが，その反面，結合したDNAに不備を生じさせてしまうことがあります。
こうした状態が長く続くと，細胞ががん化したり，炎症を引きおこすなど，いわゆる「老い」の状態がつくりだされるのです。

別な細胞に生まれ変わる過程が，老化につながってしまうわけですか。

そうなんです。たとえば，**がん細胞では異常なメチル化が多くみつかることが報告されています。また，高齢になるにつれて，メチル化された遺伝子がふえるといわれているんです。**これらのことから，エピジェネティックな変化が老化とかかわっていると考えられており，現在，たくさんの研究が進められているところなのです。

> ### ポイント！
>
> エピジェネティックな変化が老化にかかわる！
> DNAのメチル化やヒストンの修飾が老化を引きおこしている可能性がある。

老化の原因が，またことなる角度から解明されているんですね。

はい。今後，エピジェネティックな変化にはたらきかける治療薬が開発されれば，老化にともなって発症する疾患を改善することができるかもしれません。

すごい！

遺伝子の老化の度合いから「生物学的年齢」を割りだす

近年，新しい年齢の考え方に注目が集まっています。

年齢って，1年たてば1つ年をとるってことでしょう？
一体どんな年齢があるっていうんですか？

ズバリ，生物学的な年齢です。

生物学的な年齢〜!?
一体どういうことですか？

「老い」は，中年期からはじまると考える人がほとんどでしょう。
でも，まわりを見てみてください。人によって，年齢以上に元気な人もいれば，年齢のわりに衰えている人もいるでしょう？

125

確かに！ 取引先の人に，サーフィンをやってる人がいて，40代後半くらいかと思っていたら，実際には60歳だったんですよ！ ビックリしたなぁ……。

先ほどお話ししたように，加齢によって，DNAのメチル化の度合いが変化します。

2013年，カリフォルニア大学の**スティーブ・ホルバス博士**は，すべての臓器や組織をつくっている遺伝子のメチル化を調べて，その人の老化の度合いを調べる方法を確立しました。これが"生物学的な年齢"で，現在**ホルバスの時計**として知られています。

ポイント！

ホルバスの時計
すべての臓器や組織をつくる遺伝子のメチル化を調べることで，その人の老化の度合いを調べる方法。

なるほど。単純に生まれてから何年生きているかではなくて，体の中の細胞や組織の年齢ってことですね。

そうです。このホルバスの時計のおかげで，ある組織がほかの組織よりも早く老化しているのはなぜなのか，また，どのような組織ががんになりやすいのかなどが正確に予測できるようになったんです。

本当ですか!?

 すごいでしょう。
たとえば，女性の乳房をつくっている細胞の組織は，ほかの臓器をつくっている細胞の組織よりも，平均的に2〜3年も老化していることがわかりました。
さらに，乳がんに罹患している女性の細胞組織は，その女性の体内にあるほかの組織よりも，平均して12年老化していることがわかったのです。
また，がんに侵されている細胞組織は，ほかの細胞組織にくらべて，平均して36年も老化していることがわかっています。

 そんなに老化するのですか……。あらためて，がん細胞はおそろしいものですね。

 このように，体の部分の年齢も遺伝子のメチル化を調べることで，すべて把握することができるわけです。
こうした生物学的な年齢を推定する方法が健康診断などに取り入れられるようになれば，自分の体の老化を日々，チェックすることができるようになるかもしれません。

 医学の進歩はすごいですね……。いずれホルバスの時計がスマホのアプリになる，なんていう時代がくるかもしれませんね。

3

時間目

"健康に老いる"
ために

STEP 1
検査数値で老いの兆候をキャッチ！

健康寿命をのばすためには，まず自分の体の状態を把握し，病気を予防することが大切です。ここでは検査数値の見方や予防の心得について見ていきます。

高齢になるほど健康状態の定義はむずかしい

2時間目で，遺伝子の状態を調べて老化の進行を算出できるというお話がありましたけど，健康な高齢者であることを数値などで客観的にあらわすことはできないんですか？

お！　なかなかよい質問ですね。
ではここでは，高齢になった際の健康状態の把握の方法についてお話ししましょう。
たとえば，健康状態を客観的にあらわすものとしては，健康診断の検査数値がありますね。しかし，健康診断の数値を出したとしても，高齢者の場合，健康かどうかがすぐわかるわけではないんです。なぜなら，高齢になればなるほど，健康状態の定義がむずかしくなるからならなんです。

えっ，どうしてですか？

まずは，健康診断における検査数値の分析についてご説明しましょう。検査データを判断するときに一般的な目安になるものに，**基準値**というものがあります。

健康診断の結果で，自分の数値の横に書いてある，ここからここまでが正常ですよ，という数値のことですか？

そうです。
基準値とは，いわゆる**正常値**とよばれるものです。
正常値を出すには，まず，病気のない健康な人の測定結果を集計します。すると，次のグラフのようになります。

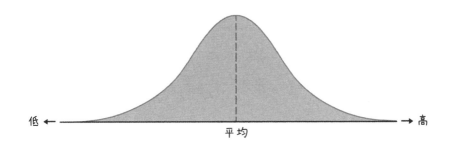

低 ←　　　　　　　　　　　　　　　　　→ 高
平均

おお，きれいな左右対称の山型になってますね。

そうです。自然界や社会のあらゆる現象は，集計結果をグラフにすると，平均値を中心にした，このような左右対称の**釣鐘形**になるんです。これは統計学で**正規分布**といい，たとえば視聴率とか世論調査とか，製品の品質管理といった場面で利用されるんですよ。

へええ〜。

それはさておき，この正規分布の両端部分，つまり「極端に高い数値」と「極端に低い数値」に注目し，それぞれの範囲の2.5％を削除してしまいます。すると，中央部分の95％の範囲が残ります。この範囲を基準値とよぶのです。

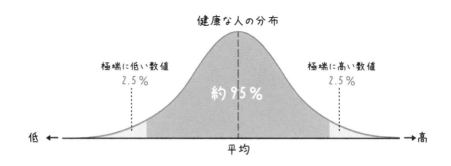

健康な人の分布

極端に低い数値
2.5％

極端に高い数値
2.5％

約95％

低 ←

平均

→ 高

なるほど，わかりやすいですね。

ところが高齢者の場合，こうした基準値は適用できないのです。なぜなら，健康診断の基準値の設定が，高齢者をのぞく集団によって決定されているためです。

え〜！ それじゃあ，そもそも高齢者の基準値を求めることを放棄しているってことじゃないですか！

しかし，それには理由があるんです。なぜなら，高齢者は集団としてのばらつきが大きく，基準を決めにくいからなんです。

だとすると，高齢者は基準値が設定されていないってことですか？

そうなんです。
この問題を解決するためには高齢者を対象とした大規模な調査をし，その結果から高齢者用の基準値を設定する必要があります。

ですよね！

ただその場合，健康な高齢者を対象とした基準値の設定が必要になります。
ところが，高齢者の健康状態の定義のむずかしさにくわえ，そもそも健康の定義を厳密にしてしまうと，対象者が集められないなどの問題があり，すべての検査において高齢者の基準値を示すにはいたっていないのです。

確かにむずかしいですね。
定義をしっかりしておかないと基準値は決められないのに，高齢になるほど，健康状態のばらつきが大きくなるから，基準が決められないわけですか……。

そうなんです。高齢になればなるほど，健康状態の定義がむずかしくなり，基準値におさまらない状態がふえていくのです。

どうすればいいんでしょう？　高齢者は，健康かどうかを判断できないってことですか？

成人全体の基準値よりも，自分の年代にしぼった基準値を参考にしたほうがよい場合もあります。
一方で，加齢の影響が検査数値にあらわれにくい検査も多いので，成人の基準値がまったく参考にならないというわけでもありません。

ますますむずかしい〜！

これらのことから，これから高齢にさしかかる人は，通常の基準値を意識して，健康状態を維持することが大切です。しかし，**すでに高齢になっている人は，健康診断などの採血のデータの基準値は，もちろん正常範囲であることが望ましいですが，正常範囲から多少外れたとしても，何がなんでも正常値に戻すような厳格な治療が必要というわけではないんです。**
それに，高齢者の中でも，さらにより上の年齢の高齢者の場合，糖尿病の管理などは，前の世代の年齢のときよりも厳格な管理をせず，むしろ自立機能や認知機能なども一緒に鑑みて，管理を少し緩くしていく場合もあります。

なるほど……。高齢者の場合，必ずしも基準に合わせることが正解というわけではなくなってくるんですね。

検査数値の話ですが，私の父も一応，健康には気を使っているみたいです。この間，健康診断の結果を見て，「危険な数字じゃないな」とかいって安心してました。

お父さまは健康に気を付けているようで，大変結構ですね。でも，検査数値には見方があることはご存じでしょうか。

検査数値の見方ですか？
知らなさそうですけど……。

高齢になってもずっと健康状態を維持するためには，「肉体的な健康」と「精神的な健康」を両立させることが大切だといわれています。
そのためには，**健康診断の検査数値を基準値（正常値）の範囲内にとどめておくことを意識するだけでは十分とはいえないでしょう。**

範囲内ですか……。
私の父も，危険な数値にならないように気を付けているみたいですけど，それだけじゃダメなんでしょうか？

もちろん，お父さまのように，健康診断の検査数値を基準値の範囲内におさめることはとても大切です。
でもそれよりも重要なことは，前の検査数値と比較して，数値の変化を見きわめることなんです。

数値の変化？

はい。たとえば，去年とくらべて体重がふえているとか，血圧が大きく上がっているなど，数値に何らかの変化があるということは体の中で何らかの異変がおきていると考えられるのです。

なるほど！

検査数値の項目には，数値が変動しやすいものと，数値が安定しているものがあります。検査数値を比較するときには，変動のしやすさや安定性も理解したうえで，前年度よりも1〜2割上がったら，体の中で何らかの異常がおきていると考えてよいでしょう。

1回ごとの数値だけでなく，時系列的な数値の変化に注目することが大事なんですね。

ポイント！

検査数値の見方

前の検査数値と比較して，数値の変化を見きわめることが重要。1〜2割変化していたら，体に何らかの異変がおきている可能性がある。

はい。たとえば，γ-GTPという数値があります。これはお酒を飲むと上がる傾向があります。

基準値は60くらいで，100をこえると治療が必要になるといわれています。γ-GTPの場合，1割の基準だと少し厳しすぎますが，前年度から数値が1割上がっていたら，生活習慣や心の状態に変化がないか検証する**きっかけ**にはなります。

何らかの異変を察知するきっかけをつかむことができるわけですね。検査結果表って，とっておかなくてはいけないんですね。実は私，毎回捨ててしまってます……。手元にない場合はどうしたらいいんですか？

過去の検査数値が手元にないときには，検診を受けた施設に連絡すれば過去の検査数値を手に入れることもできますよ。

よかった〜！　私も過去の数値を手に入れて，チェックしてみよう。

検査数値はいろいろな項目があり，自分の健康状態を判断することはなかなかむずかしいと思います。

138〜141ページに，自分の体の数値が基準の範囲内なのか，それとも改善が必要なのかを判断するための一覧表をまとめましたので，手元に健康診断結果があれば，ぜひくらべてみてください。

あなたの検査数値をチェック！

下の表は、健康診断の各検査項目について、あなたの体の状態の数値が基準の範囲内なのか、それとも治療が必要なのかが一目でわかるようになっています。早速、自分の健康診断書を横に置いて、あなたの体の状態をチェックしてみてください（出典：健康診断の数値の意味と、病気のサイン・予防法がよくわかる Newton 別冊『からだの検査数値 新訂版』）。

検査項目		基準値		生活習慣の改善が必要	診察と治療が必要
γ-GTP	成人男性	10〜50		正常値の上限〜100	100以上
	成人女性	9〜32			
AST（GOT）		11〜33		33〜100	100以上
ALT（GPT）		6〜43		43〜100	100以上
ALP		80〜260		80以下	260以上
総ビリルビン	アルカリアゾビリルビン法	0.2〜1		—	—
	酵素法、比色法	0.2〜1.2			
直接ビリルビン	アルカリアゾビリルビン法	0〜0.3		0.4〜5	
	酵素法、比色法	0〜0.4			5以上
間接ビリルビン	アルカリアゾビリルビン法	0.1〜0.8		0.9〜5	
	酵素法、比色法	0〜0.8			
LDH		120〜245		120以下、245〜350	350以上
アミラーゼ		60〜200		60以下	200以上
カルシウム		8.6〜10.0		—	8.6未満、10.1以上
RBC（赤血球数）	男性	427万〜570万		300万以下	—
	女性	376万〜500万			
Hb（ヘモグロビン）	男性	13.5〜17.6		—	10以下、18以上
	女性	11.3〜15.2			
Ht（ヘマトクリット）	男性	39.8〜51.8		—	30以下
	女性	33.4〜44.9			
白血球数		4,000〜8,000		1,000〜3,000	1,000以下、10,000以上
血小板数	自動血球計数器、静脈血	15万〜35万		5万〜15万、40万〜80万	5万以下、80万以上
	視算法、毛細管血	14万〜34万			
プロトロンビン時間		凝固時間：11〜13秒 INR：0.9〜1.1 プロトロンビン比：0.85〜1.15 プロトロンビン活性：80〜120%		13〜18秒	18秒以上
トロンボプラスチン時間		25〜40		—	40以上
フィブリノゲン		200〜400		—	200以下、400以上

（左端縦項目：血液検査／肝機能／膵機能／腎機能／血液一般／血液凝固）

検査項目				基準値	生活習慣の改善が必要	診察と治療が必要
血液検査	糖代謝	血糖		空腹時血漿血糖：70〜110	110〜1126	空腹時血糖：60未満、126以上／随時血糖：200以上
		糖負荷試験	空腹時	110未満	110〜126未満	126以上
			負荷試験2時間値	140未満	140〜200未満	200以上
		HbA1C（ヘモグロビンA1C）	JDS	4.3〜5.8	異常低値	異常高値
			NGSP	4.6〜6.2		
	炎症	赤血球沈降速度	成人男性	2〜10	成人男性 2以下／正常値上限以上〜25	25以上
			成人女性	3〜15	成人女性 3以下	
		CRP（C反応性タンパク）		0.14〜0.3以下（成人）	0.3〜1	1以上
血圧		上の血圧（収縮期血圧）		129未満	130〜159	160以上 または／140以上 かつ
		下の血圧（拡張期血圧）		80未満	80〜99	100以上 または／90未満 かつ
血液検査	脂質	LDL-コレステロール		60〜140	60以下、140〜180	180以上
		HDL-コレステロール		40〜65	20〜40、65以上	20以下
		総コレステロール		130〜220	80〜130、220〜260	80以下、260以上
	肝機能	血清総タンパク		6.5〜8.0	6〜6.5、8.0〜9	6以下、9以上
		血清アルブミン		3.8〜5.2	3.2〜3.8	3.2以下
		A/G比（アルブミン／グロブリン比）		1.2〜2	1.2以下	2以上
	痛風	UA（血清尿酸）	男性	3〜7	男性 1〜3、7〜8	1以下、8以上
			女性	2〜7	女性 1〜2、7〜8	
	腎機能	BUN（尿素窒素）		9〜21	9以下、21〜30	30以上
		Cr（クレアチニン）	男性	0.65〜1.09	正常値下限以下	正常値上限以上
			女性	0.46〜0.82		
尿検査		尿潜血		陰性	—	陽性（1+〜3+）
		尿比重		1.006〜1.030	1.025以上	1.010以下（早朝第一尿）
	糖代謝	尿糖	定性	陰性		1+〜4+
			定量	0.029〜0.257g/日	—	0.5〜1g/日以上
	腎機能	尿タンパク	定性	陰性	1+〜2+	2+〜4+
			定量	0.15g/日未満	0.15〜0.49g/日	0.5g/日以上
	肝機能	尿ウロビリノゲン		±〜+	2+〜4+	
便検査	下部消化管	化学的便潜血検査	グアヤック法	陰性	陰性（−）	陽性（+）
			オルトトリジン法		陽性（+）	陽性（2+）
		免疫学的便潜血検査		20〜50	50以上	—
血液検査	甲状腺	遊離サイロキシン（FT4）		0.9〜1.8	1.8〜8、0.4〜0.9	0.4未満、8以上
		遊離トリヨードサイロニン（FT3）		2.0〜4.0	4.0〜20	2.0未満、20以上
		TSH（甲状腺刺激ホルモン）	RIA固相法	0.34〜3.5	—	0.34以下、3.5以上
			ECLIA	0.523〜4.19	—	0.523以下、4.19以上
	肝炎	HBs抗原・抗体		陰性	—	陽性
		HBe抗原・抗体		陰性	—	陽性
身体検査	肥満・やせ	BMI		18.5〜25未満	25〜30未満	18.5未満、30以上
		腹囲	男性	85cm未満	—	85cm以上
			女性	90cm未満	—	90cm以上

	検査項目	基準値		生活習慣の改善が必要	診察と治療が必要
心筋	CK	男性	57～197	正常値下限以下，正常値上限～500	500以上
		女性	32～180		
動脈血ガス分析	BE：塩基過剰	2～2		—	2以下，2以上
	PaO2	88～102		—	88以下
	PaCO2	36～44		—	36以下，44以上
	動脈血pH	7.38～7.41		—	7.38以下，7.41以上
	血漿HCO3-濃度	22～26		—	22未満，26以上
鉄代謝	鉄（血清鉄）	男性	64～187	—	男性 64以下，187以上
		女性	40～162	—	女性 40以下，162以上
	総鉄結合能	男性	253～365	—	男性 253以下，365以上
		女性	246～410	—	女性 246以下，410以上
	フェリチン	男性	39.4～340	—	男性 39.4以下，340以上
		女性	3.6～114	—	女性 3.6以下，114以上
	不飽和鉄結合能	男性	104～259	—	男性 104以下，259以上
		女性	108～325	—	女性 108以下，325以上

（参考）共用基準範囲
下の表は、日本臨床検査標準協議会（JCCLS）基準範囲共用化委員会 編「日本における主要な臨床検査項目共用基準範囲とその利用の手引き」（2019年1月25日 修正版）の「共用基準範囲」を示したものです。この表の数値を参考にする検査機関もふえています。参考にしてみてください。

検査項目	単位		下限	上限
白血球数（WBC）	103/μL		3.3	8.6
赤血球数（RBC）	106/μL	男性	4.35	5.55
		女性	3.86	4.92
ヘモグロビン（Hb）	g/dL	男性	13.7	16.8
		女性	11.6	14.8
ヘマトクリット（Ht）	%	男性	40.7	50.1
		女性	35.1	44.4
平均赤血球容積（MCV）	fL		83.6	98.2
平均赤血球色素量（MCH）	pg		27.5	33.2
平均赤血球色素濃度（MCHC）	g/dL		31.7	35.3
血小板数（PLT）	103/μL		158	348
総蛋白（TP）	g/dL		6.6	8.1
アルブミン（Alb）	g/dL		4.1	5.1
グロブリン（Glb）	g/dL		2.2	3.4
アルブミン／グロブリン比（A/G）			1.32	2.23
尿素窒素（UN）	mg/dL		8	20

検査項目	単位		下限	上限
クレアチニン（Cr）	mg/dL	男性	0.65	1.07
		女性	0.46	0.79
尿酸（UA）	mg/dL	男性	3.7	7.8
		女性	2.6	5.5
ナトリウム（Na）	mmol/L		138	145
カリウム（K）	mmol/L		3.6	4.8
クロール（Cl）	mmol/L		101	108
カルシウム（Ca）	mg/dL		8.8	10.1
無機リン（IP）	mg/dL		2.7	4.6
グルコース（Glu）	mg/dL		73	109
中性脂肪（TG）	mg/dL	男性	40	234
		女性	30	117
総コレステロール（TC）	mg/dL		142	248
HDLコレステロール（HDL-C）	mg/dL	男性	38	90
		女性	48	103
LDLコレステロール（LDL-C）	mg/dL		65	163
総ビリルビン（TB）	mg/dL		0.4	1.5
アスパラギン酸アミノトランスフェラーゼ（AST）	U/L		13	30
アラニンアミノトランスフェラーゼ（ALT）	U/L	男性	10	42
		女性	7	23
乳酸脱水酵素（LD）	U/L		124	222
アルカリフォスファターゼ（ALP）	U/L		106	322
γ-グルタミールトランスペプチダーゼ（γ-GT）	U/L	男性	13	64
		女性	9	32
コリンエステラーゼ（ChE）	U/L	男性	240	486
		女性	201	421
アミラーゼ（AMY）	U/L		44	132
クレアチン・ホスホキナーゼ（CK）	U/L	男性	59	248
		女性	41	153
C反応性蛋白（CRP）	mg/dL		0	0.14
鉄（Fe）	μg/dL		40	188
免疫グロブリンG（IgG）	mg/dL		861	1747
免疫グロブリンA（IgA）	mg/dL		93	393
免疫グロブリンM（IgM）	mg/dL	男性	33	183
		女性	50	269
補体第3成分（C3）	mg/dL		73	138
補体第4成分（C4）	mg/dL		11	31
グリコヘモグロビン（HbA1c）	%（NGSP）		4.9	6

あらためて見ると，確かにどこをどう見ればいいのかわからないですよね。

 これらの数値は，絶対的な数値ではなく，あくまでも目安として考えてください。なぜなら，個人の体の状態で数値は変化しますし，また，先ほどもお話ししたように，高齢になるほど個人差が大きくなるからです。

 なるほど。

 この表では，検査項目の数値を，信号になぞらえて三つの色で表示しています。
まず，ピンク色の部分は「基準値」です。この数値は望ましい数値ですから，これを維持できるよう，よい生活習慣や適度な運動を取り入れて，続けてください。

 ふむふむ。

 薄い赤色の部分は，「生活習慣の改善が必要な数値」です。前年度の数値と比較してこの数値になっていたら，少し注意が必要です。
病気のはじまりであったり，あるいは生活習慣が少し変化したことで体の状態が万全でない状況を指しています。経過を観察している状態といえるでしょう。この段階では，食事療法や運動，生活習慣の改善でよくなる可能性があります。

 「黄色信号！」ってことですね。

さて，濃い赤色であらわしているところは，「診察と治療が必要な状態の数値」です。これはもう，病気の状態ですから，医療機関でくわしい検査が必要になります。ただし，何度もいうように，**高齢になるほど健康状態の定義がむずかしくなるので，基準値から検査数値がはなれることもあります。高齢になったら，かかりつけ医と相談しましょう。**

見逃せない，体重と血圧

健康診断にはいろいろな検査数値がありますが，あなたはその中でどの検査数値が一番大事だと思いますか？

何だろう……。やっぱり血液検査の数値じゃないですか？血液を見れば，病気の有無が全部わかるというじゃないですか。とくにコレステロール値とか……。

そうですね。確かに，血液検査は，診察では重要だといわれています。しかし，体の現在の状況を知るためには，すごく重要な数値があるんです。

そんな重要な項目ってありましたっけ。何ですか？

それはズバリ，体重です！

体重～!?　身長とか体重とかは，単にサイズ的なもので，そんなに重要な要素だとは思ってなかったです。

たとえば，体重80キログラムの人が，ダイエットをしているわけでもないのに体重が1割減ったら，**がん**の影響を疑う医師は多いはずです。

がんですか……。体重80キログラムの1割だと8キログラムですからね。確かに，そんなに急激に体重が減ったら，ちょっと心配になりますね。

それから，もう一つ重要な数値としてあげられるのは，**血圧**です。
血圧の数値が上がるということは，血管に何らかの負担がかかっているということですので，生活習慣病の前兆であることが考えられます。また，一緒にコレステロール値が上がっていることも多いです。

な，なるほど！
血液検査の結果だけでなく，血圧も重要なんですね。

そうです。**老化の兆候として，血圧の数値を比較することはとても大切なのです。**
たとえば，40代くらいの人の上の血圧が150くらいあるとします。この数値は危険な数値なのですが，40代くらいだと，特に体に症状が出てはきません。ところが，70代になったときに脳梗塞や心筋梗塞をおこす危険性が高まるといわれています。

こわいですね！
高齢になると，若いときとくらべて症状がすぐ出てしまうんですね。

はい。加齢による病気は，生活習慣の積み重ねによって発症します。高血圧は脳梗塞や心筋梗塞につながりますから，40代や50代から血圧の数値をチェックし，予防しておくことはとても大事なことなのです。

 私も十分気を付けよう。

 体重や血圧には体の現在の状況があらわれやすいので，よく注意を払ってくださいね。

ポイント！

検査数値の重要項目

体重 …… 急激な減少は，がんが疑われる。
血圧 …… 上昇すると，生活習慣病の前兆が
　　　　　疑われる。

検査の数値ときちんと向き合おう

さて，検査の結果を見るときに，とても重要なことがほかにもあります。何だと思いますか？

ええっ，何だろう……。検査結果で心配なところがあったら，すぐ医師に相談すること？ お医者さんの言うことをよく聞いて，努力します！

ハハハ！ それももちろん大切なことです。
でも一番根本的なところは，「検査の数値としっかり向き合う」ということです。

どういうことでしょうか？

自分の健康の最終責任者は，かかりつけ医やパートナーではなく，あくまでも自分自身です。なぜなら，検査数値が変化した原因をつくった日常の生活習慣は，本人にしかわからないからです。
そして，生活習慣を変えるための改善策もまた，本人しか実行することはできません。

そうですね。自分の体ですもんね。全部人任せというわけにはいかないですね。

その通りです。たとえば，γ-GTPの値が前年度とくらべて上がっていたら，どのような原因があったのかを自分自身で考えてみるわけです。

γ-GTPって，お酒を飲むと上がってしまう数値ですね。

そうです。「最近，仕事が終わると早い時間からお酒を飲む習慣がついてしまったなあ」とか，「仕事が忙しくて，ちょっと飲む量がふえていたかも」とか，この1年間を振りかえってみて，原因が何かを自分で気づくことが大切なのです。

うーむ，それが「検査結果としっかり向き合う」ということなんですね。そんなこと，したことなかったなあ。

ひと通り原因を出したら，次にその原因をリスト化してみましょう。そして，そのリストを見て，自分で変えられることを探してみるのです。
たとえば，体重が1〜2割ふえたとします。その原因を考えたときに，食べる量はふえていないのに体重がふえたとしたら，運動量が足りないのかも，ということに気づけるわけですね。

確かに，言われても，そのときは真剣に聞いて直そうとしますけど，1日たつと忘れちゃうかも……。

他人から言われても，生活習慣を直すことができない人は多いんです。たとえば，お酒が好きな人に「体に悪いから禁酒しろ」と言っても，実行する人は少ないでしょう。しかし，自分自身で気づいて，お酒の量を減らすにはどうすればいいのかと考えると，実現しやすいのです。

「予防」の考えも取り入れよう

高齢になって健康を維持していくためには，予防の考え方を取り入れることが大切です。

予防ですか……。
「予防」って，アタマではわかっていても，健康体だとなかなか意識できないですね。結局，体の調子が悪くなってからはじめて病院に駆け込むというパターンが多いのではないでしょうか。

そうですよね。
では予防について，少しくわしくお話ししましょう。
現在では，予防の考え方は大きく変わっています。
予防の考え方には，大きく分けて三つの考え方があるんです。

そうなんですね。

まずは1次予防です。
1次予防とは，病気にならないようにするための対策です。 健康な状態を保ち，より高いレベルの健康を目指すのが1次予防の考え方です。

「予防」といえばまさにこれですね。

そうですね。次に2次予防です。
2次予防とは，病気の早期発見・早期治療です。

加齢によって発症するがんは，早く発見できれば治る確率も高くなります。たとえ治療法が確立していなかったり，長期療養が必要になったりする病気でも，２次予防は重要です。たとえば認知症は治癒しない病気ですが，認知症になる前の軽度の認知障害から予防できれば，発症を遅らせることもできます。

 なるほど。こういうのも予防なんですね。発症していたとしても，本格化するのを防ぐというわけですか。

 はい。最後に３次予防です。**３次予防とは，再発と重症化を予防することです。**
たとえば，糖尿病を発症して治療した場合，糖尿病の悪化を防ぐために治療薬を飲むことだけではなく，糖質制限など，食事を見直して，病が進行しないようにすることです。

 病気にならないように気をつけることだけが予防だと思っていましたけど，病気になる前・病気になった直後・病気が治った後，の三つがあるというわけですね。

そうです。**中でも，加齢によって発症する病気を予防するためには，1次予防と2次予防を徹底することが重要です。**

なぜでしょう？

加齢によって発症する病気は，生活習慣の積み重ねによって発症することが少なくないからです。
予防を徹底することが，健康寿命をのばすことにつながるのです。

ポイント！

予防には3段階ある

1次予防　病気にならないようにするための対策
2次予防　病気の早期発見・早期治療
3次予防　再発と重症化を予防する

加齢による病気予防は，特に1次予防と2次予防の徹底が重要。

歯周病が加齢性疾患の原因になる!?

2016年の歯科疾患実態調査によると，45歳から54歳の人で，4ミリメートル以上の歯周ポケットがある人は，49.5％といわれています。これだけ深い歯周ポケットをもっている人たちは，ほぼ歯周病に罹患していると考えてよいでしょう。

歯周病って，歯みがき粉のCMなんかでよく聞きますよね。中年になると，ほぼ半数の人が歯周病にかかっているわけですか……。
ところで，なぜ急に歯周病の話を？

歯周病は歯ぐきの炎症からはじまる病気で，痛みなどをともなわず進行するため，放置をしている人が少なくありません。
しかし，**歯周病を甘く見てはいけません。なぜなら歯周病は，歯だけにとどまらず，糖尿病や動脈硬化，認知症など，実は加齢によって発症するおそろしい病に，非常に深く関係しているのです！**

そんな！
糖尿病や動脈硬化，認知症まで!?

はい。**歯周病の合併症として糖尿病（2型糖尿病）が認知されているのです。**ですから近年，歯科医師は，歯周病が進行している人に，血糖値が基準値にあるかどうかを聞くようになっているんですよ。

歯周病の合併症が糖尿病なんて，意外です！
でもどうして，この二つが関連しているのですか？

まず，歯周病とは，歯と歯ぐきのすきまにプラーク（歯垢）がたまり，細菌によって歯ぐきが炎症をおこすことからはじまります。

炎症が進むと，歯と歯ぐきのすきまがどんどん大きくなり，いわゆる「歯周ポケット」ができます。

放置していると，歯ぐきの浸食が進み，歯周ポケットはどんどん広がって「歯周病」となります。歯周病になると，歯ぐきから血や膿が出て，歯がぐらつき，最終的には細菌が骨に達して，歯が抜け落ちてしまいます。

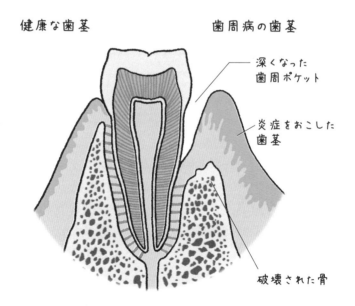

健康な歯茎　　　　　　歯周病の歯茎

深くなった
歯周ポケット

炎症をおこした
歯茎

破壊された骨

歯周病って，あらためて聞くとおそろしい病気ですね。

そうなんですよ。ちなみに健康な歯ぐきの場合，歯周ポケットは3ミリメートル以内です。4〜5ミリメートルだと，ごく初期の歯周病，6ミリメートル以上になると，重度の歯周病ということになります。

いやだなあ〜！

さて，通常，血液中の糖の濃度は，膵臓から分泌される**インスリン**というホルモンによって調節されています。糖尿病は，このインスリンのはたらきが弱くなることによって，慢性的な高血糖が続く病気です。
糖尿病の原因は，脂肪細胞にひそむ免疫細胞が**サイトカイン**という炎症物質を分泌し，それがインスリンのはたらきをさまたげてしまうことだと考えられています。
高血糖を放置しておくと血管が傷つき，脳卒中や心疾患のほか，失明や手足の切断など，重篤な合併症を引きおこします。また，糖尿病は発症してしまうと，治癒することはありません。

糖尿病もこわい病気ですね……。どこがどうつながって，歯周病が糖尿病を引きおこしてしまうのですか？

実は，歯周病も糖尿病と似たメカニズムで進行するんです。炎症をおこした歯ぐきからは，免疫細胞によってサイトカインが分泌され，これが歯周病を進行させていきます。さらに，サイトカインが血液中にふえることで，インスリンのはたらきをさまたげてしまうんですね。
その結果，糖尿病を発症したり，症状が進んでしまうのです。

歯周病は糖尿病の原因になる！

歯周病によって炎症をおこした歯ぐきからは，サイトカインが分泌される。サイトカインが血液中にふえることでインスリンのはたらきがさまたげられ，血糖値のコントロールがきかなくなる。

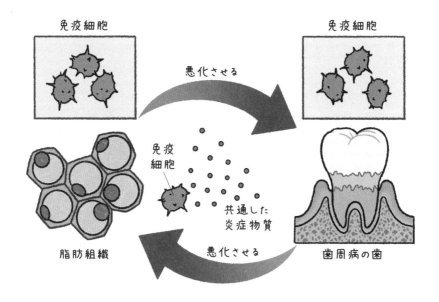

免疫細胞

免疫細胞

悪化させる

免疫細胞

共通した炎症物質

脂肪組織

悪化させる

歯周病の歯

歯周病が糖尿病の原因になるなんて，本当にあなどれないですね！　虫歯になってからではなくて，定期的に歯科検診に行くべきですね！

その通りです。また，糖尿病だけではないんです。**実は，動脈硬化も，歯周病と関連しているんですよ。**

ええっ！

歯周病菌が血管の内膜に入りこむと，免疫細胞が集まってきて，歯周病菌を排除したり，壊れた血管の組織を修復しようとします。

その結果，免疫細胞の死がいやコレステロールなどが血管の壁の中にたまり，こぶ（アテローム）になってしまうのです。このこぶがやぶれると，血栓（血のかたまり）ができてしまいます。血栓が取れてしまうと，それが血液に乗って運ばれて，どこか別の場所の血管をつまらせてしまうことがあるのです。

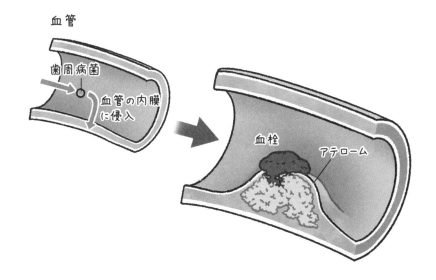

口の中の病原菌がこんなに悪影響を与えるなんて，まったく意識したことありませんでした……。

こわいでしょう。血液中には酸素が溶け込んでいるので，歯周病菌が単独で血液中に入りこむと死んでしまいます。しかし，歯周病菌は免疫細胞に入りこみ，その中で生き続けるのです。
そのため，歯周病菌は免疫細胞を"乗り物"にして，体中を移動しているのではないかと考えられています。

こわすぎる！

そのほか，アルツハイマー型認知症など，歯周病とかかわりが疑われる加齢性疾患がいくつもあります。
健康診断の歯科検診で歯周病の疑いがある人は，まず口腔内環境を整えることが，老化を防ぐことにもつながるといえます。

先生，歯周病を防ぐには，やっぱり歯みがきしかないのでしょうか？

その通りです。
歯周病を防ぐためには，1日1回のていねいな歯みがきが効果的です。

老化を防ぐ，ていねいな歯みがきのコツ

歯周病菌の原因となるプラーク（歯垢）を確実に落とすことで，歯ぐきの炎症を防ぐことができる。

ポイントは，歯ブラシを小刻みに動かして，1本1本のプラークを落とすことです。かみ合わせ部分や歯と歯の間，歯と歯ぐきの間はプラークが残りやすいので，デンタルフロスを活用しましょう。

歯垢のたまりやすい場所

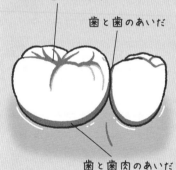

かみ合わせ部分

歯と歯のあいだ

歯と歯肉のあいだ

歯周ポケットのみがき方

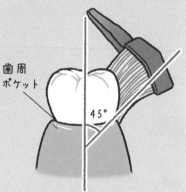

歯周ポケット

45°

45度の角度で歯ブラシを当てて，歯周ポケットをきれいにする。歯みがき粉は使っても使わなくてもよいが，きちんとみがけていなくても，歯みがき粉を使うとさっぱりしてみがけた気になってしまうので，注意が必要。

基礎代謝を上げて筋肉量をふやす！

先生，前に，老化のためには運動がよいというお話をお聞きしました。日常的におこなう運動というと，どんな運動がいいんでしょうか？

そうですね。ではここで，効果的な運動について見ていきましょう。まず，運動には有酸素運動と無酸素運動の2種類があります。

有酸素運動がいいというのはよく聞きますね。

そうですね。**有酸素運動とは，酸素をとりながらじっくりとおこなう運動のことで，体脂肪を低下させる効果があります。**
ウォーキングやジョギング，サイクリング，水泳などがその代表です。足腰に不安がある場合は，関節などに負荷がかからない水泳がいいでしょう。

なるほど。

一方，無酸素運動とは，呼吸をほとんどせずに短時間で一気におこなう運動です。筋肉量を維持・増加させるだけでなく，基礎代謝や関節，運動機能の保持などにはとても重要です。陸上の短距離走などですね。しかし，短距離走のようなはげしい運動は血圧を急激に上げますので，運動療法には不向きといえます。

ポイント！

運動には2種類ある

有酸素運動……酸素をとりながらじっくりとおこなう運動。体脂肪を低下させる効果がある。*ex.* ウォーキング，ジョギング，サイクリング，水泳など。

無酸素運動……呼吸をほとんどせずに短時間で一気におこなう運動。筋肉量の維持・増加や，基礎代謝や関節，運動機能の保持などに重要。*ex.* 短距離走，レジスタンス運動（筋肉に負荷をかけて，くりかえしおこなう運動）など。

高齢になると筋肉が衰えてくるから，筋肉量の維持は大事ですね。でも短距離走はなあ……。

大丈夫。よい運動があるんですよ。
無酸素運動の中にはレジスタンス運動というものが含まれます。
レジスタンス運動とは，筋肉に負荷をかけて，くりかえしおこなう運動のことです。

筋トレのような感じですか。

はい。このレジスタンス運動の一つで，ゆっくりと無理なくおこなえるものに，スロートレーニングというトレーニング方法があります。

スロートレーニングは，ゆっくりとした動きによって，通常の筋トレよりも長い時間，筋肉の収縮と血流の制限を維持することで筋肉の量をふやすことができます。高齢者でも無理なくおこなうことができるトレーニング方法として注目されているんですよ。

おおっ！　これはいいですね。
運動不足の私でもできそうです。

レジスタンス運動は，加齢によって低下した歩行能力の改善などに大きな効果があることがわかっています。
平均年齢90歳（86歳〜96歳）の高齢者でもレジスタンス運動により，筋肉量の増加と筋力が向上したことが認められているんですよ。

ポイント！

レジスタンス運動は，筋力アップに効果大！

筋肉に負荷をかけて，くりかえしおこなう運動のこと。高齢者には，レジスタンス運動を，ゆっくりと無理なくおこなえるスロートレーニングがよい。

すごい！　高齢になってもできるトレーニング方法があって安心しました。
ところで，運動はどれくらいやるのがいいんですか？

そうですね。まず，運動の目的の一つは**エネルギーの消費**です。**運動によるエネルギーの消費量は，1週間で2000キロカロリー（1日約290キロカロリー）を目標にしましょう。**

ただし，運動種目や年齢，性別によってエネルギーの消費量はちがいます。次のページの表を参考にして算出してみてください。

これはわかりやすいですね。

それから，運動のもう一つの目的は，**筋肉量の維持・増加**です。筋肉があれば，基礎代謝や関節，運動機能も保持できますからね。

しかし，これまで運動の習慣がなかった人が，急に運動を取り入れようとしてもなかなか続きません。まずは，**「通勤のときには，エスカレーターではなく階段をつかう」「帰宅のときには，1駅分必ず歩く」**など，毎日の生活の中に少しずつ運動を取り入れていくのがよいでしょう。

なるほど。それなら続けられそうです。

運動種目別エネルギー消費量

運動種目	エネルギー（kcal/kg/分）
散歩	0.0464
ウォーキング（60m/分）	0.0534
ウォーキング（70m/分）	0.0623
ウォーキング（80m/分）	0.0747
ウォーキング（90m/分）	0.0906
ウォーキング（100m/分）	0.1083
ジョキング（弱め）	0.1384
ジョキング（強め）	0.1561
自転車（平坦10km/h）	0.08
自転車（平坦15km/h）	0.1207
水泳（クロール）	0.3738
水泳（平泳）	0.1968
階段昇降	0.1004

年齢別性別補正係数

年齢	男性	女性
18歳	1.06	0.95
19歳	1.04	0.93
20〜29歳	1	0.93
30〜39歳	0.96	0.87
40〜49歳	0.94	0.85

消費カロリーの算出方法

例：年齢40歳代，体重65kgの男性が，
　　ウォーキング（80m/分）を60分した場合

エネルギー（0.0747 × 65kg × 60分）

×

補正係数（0.94）

＝

273.9kcal

厚生労働省「日本人栄養所要量」より

高齢者におすすめ「スロートレーニング」

ここで，先ほどお話ししたスロートレーニングについてご紹介しておきましょう。
最近はスロトレなどともいわれています。

レジスタンス運動をゆっくりと無理なくできる，高齢の方におすすめのトレーニング方法でしたね。

その通りです！
スロトレは，東京大学名誉教授で，ボディビルダーとしても活躍した，石井直方博士によって開発されたものです。筋肉をゆっくり動かすと，筋肉やその周辺の血流量が減り，筋肉疲労がおこりやすくなります。筋肉は，筋肉疲労をおこした筋肉の線維が再生することで大きくなります。つまり，ゆっくりとした動きでトレーニングをおこなうと，比較的小さな負荷で大きな筋肉肥大を得やすいのです。

へええ〜！　負荷が小さくても，ゆっくり動くだけで，大きな効果が得られるなんて，すごく得した気分です。

安全性が高く，手軽にできるスロトレは今，高齢者のサルコペニア予防，筋力強化，リハビリテーションなどに広く応用されているんですよ。

いいですね。
うちの父にもすすめたいです。

自分の体重だけを負荷にするなら，スクワットのスロトレがおすすめです。**ひざを曲げてしゃがむのに4秒程度，ひざを伸ばして体を起こすのに4秒程度かけ，ひざを完全に伸ばさずにまた曲げはじめるのがコツです。**

膝を完全に伸ばさないわけですね。
確かに，そのほうが疲れそう……。

注意してもらいたいのは，立ち上がるときだけでなく，しゃがむときもゆっくりと動いているということです。
筋トレといえば，物を"もち上げる"などの動作で鍛えると思いがちですが，**下ろす，しゃがむといった，「力が抜けやすい」動作もゆっくりていねいにおこなうことが，より効率的な筋肥大や筋力アップにつながります。**

特に重要な足腰の筋肉

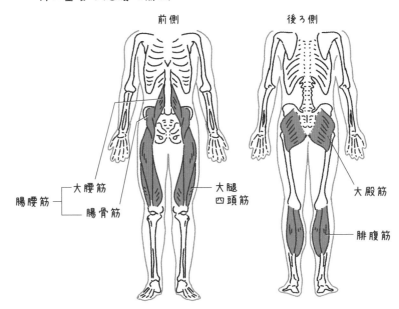

164

イスを使ったスクワット

1セット10回程度として，1回のトレーニングで2〜3セット行うと大きな効果が期待できます。トレーニングの回数は週2〜3回でよいでしょう。

1

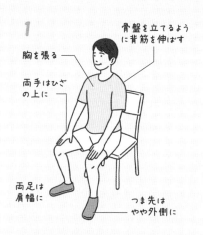

胸を張る

骨盤を立てるように背筋を伸ばす

両手はひざの上に

両足は肩幅に

つま先はやや外側に

イスに浅く腰かける。

2

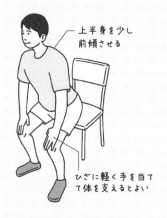

上半身を少し前傾させる

ひざに軽く手を当てて体を支えるとよい

息を吐きながらゆっくりと立ち上がる。

3

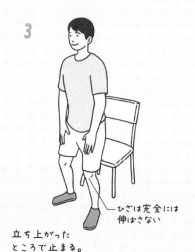

ひざは完全には伸ばさない

立ち上がったところで止まる。

4

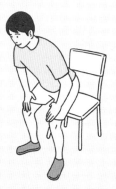

息を吸いながらゆっくりとイスに座る。

イスを使わないスクワット

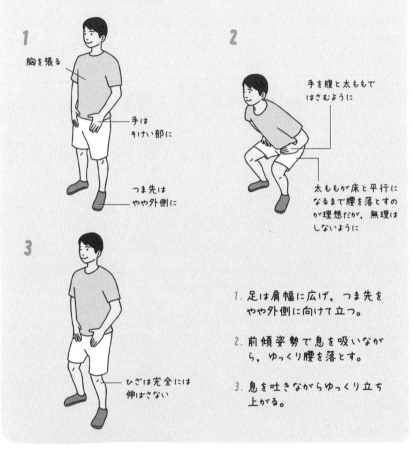

1

胸を張る

手は
そけい部に

つま先は
やや外側に

2

手を腹と太ももで
はさむように

太ももが床と平行に
なるまで腰を落とすの
が理想だが、無理は
しないように

3

ひざは完全には
伸ばさない

1. 足は肩幅に広げ、つま先を
   やや外側に向けて立つ。

2. 前傾姿勢で息を吸いなが
   ら、ゆっくり腰を落とす。

3. 息を吐きながらゆっくり立ち
   上がる。

スロトレのコツ

・立つときだけでなく、しゃがむときもゆっくりと。
・負荷が小さくなる（例：スクワットでひざが伸びきる）
　前に動作を切り返し、できるだけ力が抜けた時間を
　つくらないようにする。

運動は老化の万能薬！

運動の効果はさまざまです。先ほどお話ししたような，体脂肪の低下や筋肉量の保持・増加といった効果のほかに，血圧を低下させる効果もあるんですよ。

血圧を低下させる!?　すごい！

習慣的に有酸素運動をすると，高血圧患者の上の血圧が8.3mmHg，下の血圧が5.2mmHgほど低下するといわれています。
それだけではありません。運動をすることで，脳の中で脳由来神経栄養因子（BDNF）というタンパク質が増加し，脳の萎縮を防ぐ効果があることもわかっているのです。

脳にもいいなんて！
運動って，万能薬という感じですね。

まさにその通りです。**運動は，複数の薬を同時に飲むことと同じような効果がある**といわれているんです。

でも，運動ってなかなか続けられないんですよね……。

そうですよね。特に現代は，家事や仕事の自動化が進んでいますし，交通手段の発達などで，多くの人が運動不足の傾向にあります。

167

しかも，運動をしないと，筋力はいちじるしく低下することがわかっています。

通常の加齢だと，1年に1％ほど筋力が低下するのに対し，**高齢者が寝たきりになって，完全に筋肉を動かさない状態になると，たった2週間で筋力が約20％も低下するといわれているんです。**

そんなにですか!?

そうなんです。しかもここ数年はコロナ禍による外出自粛の時期もありましたから，運動不足による筋力の低下には十分に注意する必要があるでしょう。

先生，運動はぜひともやらないとダメですね！

そうですね。

先ほどお話ししたスロートレーニングのほかに，最も手軽にはじめられる運動の一つとしてあげられるのは，ウォーキングです。

ウォーキングは，有酸素運動の一つで，高血圧や高血糖などをはじめとする生活習慣病の予防や改善につながるといわれています。

時速6キロメートル程度のやや早足のウォーキングを月に2～12回，週に0.5～2時間程度おこなうことで，血圧が低下するという報告があります。

ウォーキングも，ただ普通に歩くのではなくて，ポイントがあるんですね。

memo

ウォーキング

ウォーキングをおこなう際には，イラストに示したような点を意識して，やや早足で歩くことを心がけましょう。

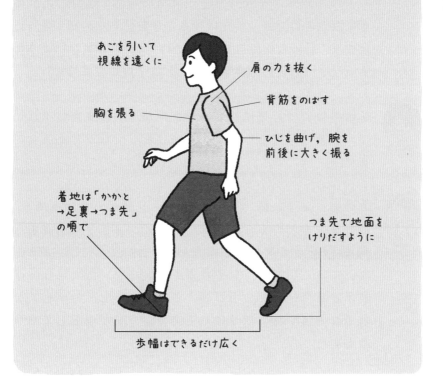

あごを引いて
視線を遠くに

肩の力を抜く

背筋をのばす

胸を張る

ひじを曲げ，腕を
前後に大きく振る

着地は「かかと
→足裏→つま先」
の順で

つま先で地面を
けりだすように

歩幅はできるだけ広く

それから，足腰の筋肉やバランス感覚をきたえることは，高齢者にとって転倒を防ぐうえでも重要です。先ほどご紹介したスロートレーニングなども合わせて，積極的な運動を心がけるとよいでしょう。

食事日記をつけて摂取カロリーを把握

運動に続いて，食事について見ていきましょう。

高齢になると，目的に合った効果的な食事療法が必要です。たとえばコレステロール値が高いなら，脂肪分のとりすぎに注意するとか，血圧が高めならば，塩分のとりすぎに注意するとか，または食べすぎを防ぐために，自分に必要な1日分の総カロリーを知り，それをこえないようにするなど，最低限の食事のコントロールが必要です。

私は今は何にも気にしていませんが，年齢を重ねるごとに，食事にも気をつけなくてはならなくなってくるんですね。

その通りです。総カロリーのコントロールをする場合，自分が何をどのくらい食べたのかということを記録する食事日記がおすすめです。

最近では，レストランや食堂でもメニューにカロリーが表示されているところがふえてきましたし，コンビニなどのお弁当やおにぎりにも，総カロリーが明記してありますよね。

検査数値の見方のところでも，問題点をリストアップするのが大事というお話がありましたね。

でも日記って，苦手なんですよね……。1日に食べたものを逐一記録するなんて負担だし，そもそも記録することを忘れてしまいそうです。

厳密でなくてもいいんですよ。食べた分のだいたいのカロリーを，手帳などにメモしておくぐらいでいいんです。なれてくれば，食べる前にその食事のカロリーがどのくらいか，何となく自分でもわかるようになりますよ。

なるほど……。面倒くさいとかいう前にやってみることですね。

そうですよ。それに，忙しいときには，1日や2日くらい記録を忘れたってかまわないし，または思いついたときだけでもいいんです。
食事日記で大事なのは，自分が1日に何をどのくらい食べたのか，そしてどれだけのカロリーを摂取したのかを意識することなんです。

そんな気楽な感じで大丈夫なんですね。
それならやれそうです。

最初は面倒に感じることもあるかもしれません。でも，自分が摂取したカロリーを知ることで，腹八分目がどんな感じなのかを実感できるようになりますし，実感できるようになれば，摂取カロリーをコントロールするのは，さほどむずかしいことではないんですよ。

厳密な記録ではなくて，意識し続けることが重要なんですね！

その通りです。

よくない食事のとり方

欠食

1回食事を抜くと、通常よりも食事の間隔が空くため、低血糖状態が続くことになる。また、空腹感が大きいので過食につながる。その結果、血糖値が急上昇し、インスリンが過剰に分泌されて、糖が取り込まれやすくなり、肥満につながる。

早食い

満腹感を得る前に食べ終わってしまうために、さらに量を食べてしまい、カロリーオーバーになる。

過食

脂肪の多いもの、麺やごはん類などの主食、甘いもの、お酒などは過食につながりやすい。

孤食

一人で食事をとると、早食いになりがち。また、メニューも単品ですますことが多くなり、栄養のバランスがとりにくくなる。

食事時間が不規則

食べたり食べなかったりすると、胃の調子が悪くなる。また、夕食が遅くなると、空腹から過食につながり、太りやすくなる。

加齢性疾患の一つ，認知症は今，世界的な社会問題となっています。

あらためて説明すると，認知症とは，何らかの原因で脳の神経細胞が死んでしまったり，はたらきが悪くなることによって，記憶力や思考能力，行動能力までもが失われ，日常生活に支障が出ている状態のことをいいます。

本人はもちろん，周りの人も大変な病気ですよね。

そうですね。認知症を発症する病気はいろいろあり，その中で約7割と最も多いのがアルツハイマー病（アルツハイマー型認知症）です。

アルツハイマー病は，脳の中で記憶をつかさどる海馬から症状が進行します。

37ページでお話がありましたね。

はい。海馬の神経細胞が次々と死滅し，それとともに脳の萎縮がはじまるのです。

実は以前から，脳が萎縮していく速度には，食生活が影響を与えることが知られていました。

食生活が？

はい。厳密には，食事の多様性です。食事にいろいろな食品を取り入れているかどうか，ということですね。

毎日同じメニューのくりかえしではなくて，いろいろな物を食べているかどうかということですか。

そうです。この，食生活と脳の萎縮の変化を調べるために，**国立長寿医療研究センター**は，40〜89歳の1683人（男性50.6%，女性49.4％）を対象に，2年間追跡調査をおこなったのです。

どんな調査方法だったんですか？

まず，調査開始時に，3日間にわたって食事内容を記録し，それをもとに**食事多様性指標**をつくったんです。この指標をもとに，食事の多様性が最も低いランクを**第1分位**，最も高いランクを**第5分位**とし，1から5のランクで食事の多様性と脳の萎縮の関係を調べたのです。

大変な調査ですね。
一体どんな結果が出たんでしょう。

その結果，海馬の萎縮が最も大きかったのは（海馬容積の減少率が1.31％），食事の多様性が最も低い第1分位のグループで，海馬の萎縮が最も小さかったのは（海馬容積の減少率が0.81％），第4分位のグループでした。第1分位と第4分位をくらべると，海馬の萎縮率の差は0.5％ちがったんです。

うーむ……。わずかではありますが，ちがいがあることは確かですね。

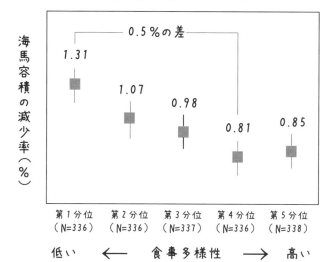

食事の多様性と2年間の海馬容積の減少率

海馬容積の減少率（％）

0.5％の差

1.31
1.07
0.98
0.81
0.85

| 第1分位
（N=336） | 第2分位
（N=336） | 第3分位
（N=337） | 第4分位
（N=336） | 第5分位
（N=338） |

低い　←　食事多様性　→　高い

年齢，性別，教育，喫煙状況，アルコール摂取，身体活動，および併存疾患について調整
（出典：「食事の多様性が脳の海馬の萎縮を抑制することが明らかに」国立長寿医療研究センター 2020.9.2. より作図）

　この調査の海馬の容積減少率の平均は1％でした。ですから，海馬の萎縮の速度を遅らせることに，食事の多様性が影響をおよぼしていることは明らかだといえます。**同じ物ばかり食べるのではなく，できるだけいろいろな食品をとることを心がけるとよいでしょう。**

ポイント！

食事の多様性が認知症を遅らせる！
いろいろな食事をとると，海馬の萎縮率が低くなる。なるべくいろいろな食品をとることが大事。

よりよい睡眠でアミロイドβを排出する

アルツハイマー病のお話の続きですが，アルツハイマー病の予防には，睡眠もとても重要です。
そもそも睡眠は，健康な生活を送るうえで非常に重要です。睡眠時間が短いと，肥満や高血圧，脳の老化が早まることなどが知られています。

食事や運動といい，睡眠といい，日常生活の当たり前のいとなみは，年をとってからすごく大きな影響をおよぼしてくるんですね。

そうなんです。**睡眠の乱れは，アルツハイマー病だけではなく，そのほかの生活習慣やホルモンの分泌の乱れにもつながり，その影響は全身におよぶのです。**

全身ですか！　実は私，夜更かしが多いんですよ。

それはいけませんね。というのも，夜更かしはアルツハイマー病を発症する危険性が高まるんです。

ど，どうしてですか？

アルツハイマー病を発症するきっかけになる物質は，ア
ミロイドβというタンパク質です。このアミロイドβ
は，いわば脳の老廃物なんですね。アミロイドβが脳内
にたまり，神経細胞のはたらきをさまたげることで，ア
ルツハイマー病が発症するんです。

こわいですね。

しかし，このアミロイドβは，睡眠をとることによって
除去されることが知られているんですよ。

本当ですか!?

はい。脳内では，脳脊髄液という無色透明の液体が分
泌されています。**この脳脊髄液が，アミロイドβを洗い
流すと考えられているのです。**
脳脊髄液は，脳の中心部分にある脳室という空洞部分に
ある，脈絡叢という器官でつくられます。

一体どうやってアミロイドβを洗い流すのですか？

分泌された脳脊髄液は，グリア細胞という細胞がつく
る動脈周辺の空洞（動脈周囲腔）を伝って脳の細部に入り
込みます。そして，そこから神経細胞周辺に流れ込んで
アミロイドβを洗い流し，静脈周辺の空洞（静脈周囲腔）
から流れだしていくのです（次のページのイラスト）。

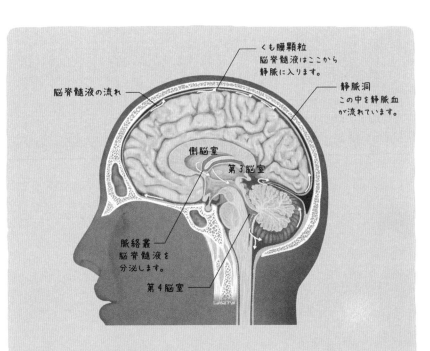

くも膜顆粒
脳脊髄液はここから
静脈に入ります。

脳脊髄液の流れ

静脈洞
この中を静脈血
が流れています。

側脳室

第3脳室

脈絡叢
脳脊髄液を
分泌します。

第4脳室

アミロイドβが脳脊髄液に洗い流される

脳脊髄液は，動脈の周囲にある「動脈周囲腔」という空洞を伝って脳内に入りこみ，アミロイドβなどの老廃物を洗い流しながら，静脈の周囲にある「静脈周囲腔」を通って脳の外へと運ばれていきます。

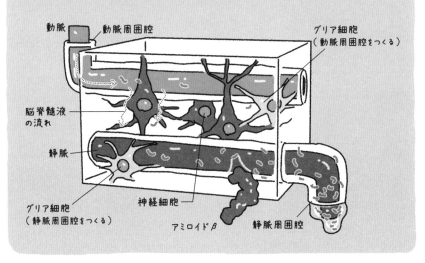

動脈
動脈周囲腔

グリア細胞
（動脈周囲腔をつくる）

脳脊髄液
の流れ

静脈

グリア細胞
（静脈周囲腔をつくる）

神経細胞

アミロイドβ

静脈周囲腔

すごい！ 老廃物を洗い流す機能があるなんて！
でも先生，それが睡眠とどう関係するんですか？

実は，昼間の脳内は，神経細胞やグリア細胞で埋めつくされています。**しかし睡眠中は，グリア細胞の一部がちぢみ，そのために脳脊髄液の流れがよくなり，老廃物の除去が進みやすくなるんです。**

な，なるほど！ じゃあ十分な睡眠をとらないと，脳の老廃物がたまる一方，ってことになるんですね！
まずい！ ゆうべも実は夜更かししてました。今日はもう帰って寝ます！

まあまあ落ち着いて。
よい睡眠をとるには，生活全体の周期を保つことが大切だといわれています。
睡眠は体内時計によってコントロールされていて，毎日の生活リズムをしっかりと保つことで決まった時間に眠気が訪れるようになるのです。

そうなんですね。

さらに，就寝の2〜3時間前に運動や入浴をすると，入眠がスムーズになるともいわれています。
よい睡眠をとるため，自分に合った生活習慣を身につけましょう。

脳の病気を発見, アロイス・アルツハイマー

　記憶力などの脳の認知能力が急速に失われるアルツハイマー病。この病気をはじめて報告したのがドイツの医学者, アロイス・アルツハイマー（1864 ～ 1915）です。

　アルツハイマーは, 1864年, ドイツのマルクトブライトで生まれました。いくつかの大学で医学を学び, 1887年にヴュルツブルク大学で医学の学位を取得しました。

　医師となってからは, 躁うつ病や統合失調症をはじめとした, 精神医学や神経病理学の臨床研究をおこないました。

　アルツハイマーの仕事仲間には, 顕微鏡観察にくわしい, 医学者, フランツ・ニッスル（1860 ～ 1919）がいました。のちのアルツハイマー病の発見には, ニッスルの影響が少なからずあったといわれています。

記憶力の低下がひどい患者と出会う

　1901年, アルツハイマーはある患者と出会います。妄想や記憶力の低下などをうったえるアウグステ・データーです。当時データーは51歳でした。

　データーの病状はその年齢にしては異常で, ペンや鍵など簡単な単語, さらには自分の名前さえも忘れてしまうほどでした。また, 誰かに殺されるという妄想もあったようです。

　1906年4月, データーは56歳で亡くなりました。アルツハイマーは死後, 彼女の脳を解剖し, 顕微鏡で検査しました。すると, 今日老人斑として知られる構造や, 神経線維の異常など, アルツハイマー病に特有の異常を発見したのです。

師匠によって，病気に名前がつけられた

　アルツハイマーはすぐさまこれらの結果をまとめ，1906年11月にドイツ医学会に報告しました。しかし，このときはアルツハイマーの報告が大きな注目を集めることはありませんでした。

　アルツハイマーの報告ののち，同様の症例がいくつか報告されるようになりました。そして，1910年，アルツハイマーの師匠にあたるエミール・クレペリン（1856～1926）が，この疾患を「アルツハイマー病」と名づけ，著書で発表します。これによって，この病気が広く認められるようになったのです。

　クレペリンの発表から5年後の1915年，アルツハイマーは心不全のために，51歳で亡くなりました。

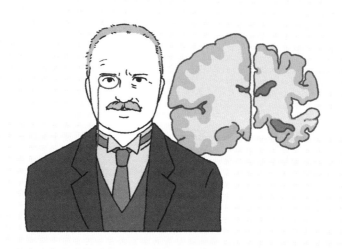

STEP 2 老いとともに変わりゆく心

老化するのは，肉体だけではありません。自分の健康の衰えを感じはじめたとき，心のありようもまた，変化していきます。ここでは高齢者の心の変化について見ていきましょう。

老化は心理にも影響をおよぼす

高齢になると，今まで見てきたような肉体的な側面だけではなく，心理的な側面の変化も無視できません。
老化が要因となって，心のあり方も変化していくからです。

そうか，体だけではないのですね。心身ともに変化していくわけですね。

はい。心理学などの分野で広くもちいられている理論に，「生物・心理・社会モデル」があります。
これは，アメリカの精神科医ジョージ・エンゲル（1913〜1999）が1970年代に提唱した理論で，人間の「生物学的な側面」，「心理的な側面」，「社会的な側面」は，おたがいに影響を与え合っているという考え方です。
特に高齢者の心理について考えるときには，このモデルにのっとって考えることが重要なのです。

一見すると，私たち人間すべてに当てはまるように思いますけど，なぜ特に高齢者なのでしょう？

高齢者の心理には，加齢による感覚器官や運動能力の衰え（生物学的な側面）と，退職や近親者との死別（社会的な側面）などが大きな影響をおよぼすからです。
たとえば，耳が遠くなって聞きまちがいがふえると，他者とのコミュニケーションを避けがちになり，ふさぎこんでしまうこともあります。

確かに……。
高齢者は，定年退職したり，友人が亡くなってしまったり，それに体も衰えていきますね。人生の中でいくつかある，大きな節目にあるわけですものね。

ポイント！

生物・心理・社会モデル
　人間の「生物学的な側面」，「心理的な側面」，「社会的な側面」は，おたがいに影響を与え合っているという考え方。
　体の衰えとともに，心理的・社会的な変化をむかえている高齢者の心理を考えるときに重要になる。

そういえば，実家の母が「最近おじいちゃんが怒りっぽくて困る」って言っていました。
これも何か心理的な変化と関係しているんでしょうか。

一般的には，年をとると怒りっぽくなったり，逆にやさしくなったりするなど，加齢によって性格が変化するといわれています。
しかし近年の研究によると，年をとっても性格の主な傾向は変化しにくいと考えられているのです。

そうなんですか？

ええ。つまり，怒りっぽい高齢者は，もともと若いころから短気だった可能性が高いですし，おだやかな高齢者は，もともとおだやかな性格だった可能性が高いのです。

へええ〜。確かに，祖父はやや気が短いところがあったかも……。
ということは，もとからの性格が年をとると際立ってくるわけですか？　短気な人は，ますます短気になっていくみたいな……。
高齢になると，なぜもとの性格が大きく出てきてしまうんでしょうか？

たとえば，脳の中の，知性をつかさどる前頭葉が，加齢にともなって萎縮すると，それが原因となって性格が変わることもあります。ただ，その場合はいつでも怒っているというような，病的な状態になります。

なるほど。

 一方，高齢になると，社会的な環境が変わりますよね。会社も定年退職して，基本的に行動の制約を受けにくくなります。すると，かつて職場では周囲に遠慮して怒りをおさえていた場面でも，隠居生活なら何の遠慮もせずにあらわにすることができます。
その結果，あなたのおじいさんのように，「最近怒りっぽくて困る」という状況になる可能性があるわけですね。

 そういうことですか……。つまり環境が変わって，自分の感情を**解放**できるようになったわけなんですね。そういわれると何だかわかる気がします。

 そうです。このように，高齢者の心理は，本人の心だけで決まるのではなく，社会的な環境の変化なども含めて考える必要があります。

身体の衰えや社会的な立場の変化は, 高齢者の心理に影響する

心理的変化

高齢になると, さまざまな心理的変化がおきます。ただし, 性格の主な傾向は変化しにくいことがわかっています。

身体的変化

高齢になり, 身体的な衰えがかくせなくなります。特に感覚器官の衰えは, コミュニケーションへの積極性を失わせます。

社会的変化

仕事や家族関係などの社会的な立場が変化します。人によっては, 他者との交流が極端に減ってしまう場合もあります。

気づきにくい高齢者のうつ病

先ほど，高齢者の心には，加齢による衰えと，退職や近親者との死別などが大きな影響をおよぼすというお話をしました。それにともない，近年ふえているのが，高齢者のうつ病です。

うつ病ですか……。最近，若い世代でもうつ病がふえていると聞きました。

そうなんです。厚生労働省の調査によると，うつ病の患者はこの25年で4倍弱にふえ，2020年には120万人をこえています（患者調査2020年版）。

4倍もふえているんですね。

全年代で女性の方が男性よりもかなり多く，男女を合わせた年代別では40代が最も多くなっています。
女性では，50～70代まで患者数が高いまま推移し，80代で大幅に減少しています。男性では，50代がピークで，その後は減少に転じています。

高齢になると減少に転じているようですが，高齢者にもうつ病の患者がいることには変わりないんですよね。

そうです。高齢になるにつれて数は減少していますが，高齢者のうつ病は，なかなか気づきにくいという特徴があるのです。

うつ病なのに，気づいていないだけということですか。

 はい。うつ病の国際的な診断基準（DSM-5）によれば，「抑うつ気分」，「興味または喜びの喪失」，「食欲の減退あるいは増加，体重の減少あるいは増加」，「不眠あるいは睡眠過多」などの9症状のうち，五つ以上が認められ，さらに「それらの症状がほとんど1日中，ほとんど毎日あり，2週間にわたっている」といった基準を満たすと，うつ病と診断されます。
ただし，高齢者は典型的なうつ病の症状を示さないことが多く，軽症うつ病が多いという報告があります。

典型的なうつ病の症状

物事に対してほとんど興味がない，または楽しめない

疲れた感じがする，または気力がない

寝つきが悪い，途中で目が覚める，あるいは逆に眠りすぎる

気分が落ちこむ，憂鬱になる，または絶望的な気持ちになる

あまり食欲がない，または食べすぎる

新聞を読む，またはテレビを見ることなどに集中することがむずかしい

死んだほうがましだと思う，あるいは自分を何らかの方法で傷つけようと思ったことがある

他人が気づくぐらい動きや話し方が遅くなり，あるいはそわそわしたり，落ち着かず普段より動きまわる

自分はダメな人間だ，人生の敗北者だと気に病む，または自分自身，あるいは家族に申し訳ないと感じる

高齢者のうつ病は，どんな特徴があるんですか？

 高齢者のうつ病の特徴は，「典型的な気分の落ちこみや抑うつ思考が目立たず，悲哀の訴えが少ない」，「不安や焦燥感が顕著で，不安神経症とまちがわれやすい」，「記憶障害を訴えるなど，認知症に似た症状を示すことがある」，「被害妄想などの意識障害が認められることがある」，「睡眠障害，胃腸障害，頭痛などの身体症状が出やすく，不調へのこだわりや訴えがふえる」といった具合です。

高齢者のうつ病の特徴

不安や焦燥感が顕著

記憶障害を訴えるなど，認知症のような症状を示すことがある

被害妄想などの意識障害が認められることがある

気分の落ちこみなどの精神症状よりも，睡眠障害，胃腸障害，頭痛などの身体症状の訴えがふえる

なるほど……。どれもうつ病というより，高齢者特有の心身状態という感じもしてしまいますね。だからうつ病だと気づかれにくいわけですか。

そうですね。高齢者もうつ病になることは，私たちの世代と変わりません。
それどころか，特に65～70歳は，退職，経済状況の変化，身体能力の低下，病気の発症といったことで抑うつ状態になりやすいといわれているんです。

そうですよね。
それぞれの世代ごとに抱える悩みは変わってきますから，どの世代が一番悩みが大きいとはいえないですよね。
高齢者のうつ病を予防することって，できるんでしょうか？

予防や症状改善には，ウォーキングや体操，趣味のサークル，ボランティア活動などで身体の活動量をふやすことが効果的だといわれています。
特にウォーキングには，脳血流量の増加，前頭前野などの活性化，不安や抑うつなどのストレス反応の軽減といった効果があると考えられています。

STEP1でもお話がありましたが，やっぱり，運動は万能薬ですね！

そうですね。実際に，高齢者を対象に1日30分間，ややきついウォーキングを10日続けたところ，うつ症状が軽くなったという報告があります。

まわりの人も，高齢者特有の症状だと思いこまずに，高齢者のうつ病をうたがってみることも大事ですね。

 まさにその通りです。
典型的な症状が少なく，気づきにくい高齢者のうつ病は，家族などのまわりの人が異変を察知して手を差しのべることが重要になります。
症状が重い場合には，医療機関を受診することが必要です。治療では，うつ病以外の精神疾患（躁うつ病など）や認知症ではないことを確認したうえで，抗うつ薬や向精神薬の投薬，認知行動療法などがおこなわれます。

ポイント！

高齢者のうつ病

　65～70歳は，退職や経済状況の変化，身体能力の低下，病気の発症などをきっかけに抑うつ状態になりやすい。
　高齢者のうつ病は典型的な症状が少ないため，まわりの人が異変を察知して手を差しのべることが重要。

高齢になると，物事を直感的に判断しがち

高齢になると，判断能力などに影響が出ることがあります。近年，高齢者をターゲットとした**振り込め詐欺**や**オレオレ詐欺**は，後を絶ちません。2022年の犯罪件数（特殊詐欺件数）は1万7500件にのぼり，依然として高いままになっています。

被害者の内訳を見ると，実に8割以上が65歳以上の高齢者で，特に高齢女性が多いのが特徴です。

先生，ニュースを見ていていつも思うのですが，これだけ世間で騒がれていて気をつけようと言われているのに，どうして高齢者はそうした特殊詐欺に騙されてしまうんでしょう？

そうですね。その背景にはやはり，高齢者特有の心理があると考えられます。

高齢者特有の心理？

はい。心理学において，意思決定をする際には，システマティック処理とヒューリスティック処理の二つの心理モデルがあります。

システマティック処理とは，たくさんの情報を集め，時間をかけてそれらを吟味し，論理的に判断を下すというものです。

たとえば，転居先や就職先，志望校などを決めるといった際には，多くの情報を集めてじっくり比較検討して決めますよね。それがシステマティック処理です。

なるほど。いわれてみれば，どの会社に発注するかとか，ちょっと大きい買い物をするときとか……。
でも基本的に，何かを決めるときって，システマティック処理しかしないような気がするんですが。

そうですよね。
システマティック処理では，最適な選択をおこなえる可能性が高いのです。
しかし，**システマティック処理は，質的にも量的にも高い認知機能が必要で，脳への負荷が大きいのが特徴です。**

確かに……いろいろ調べたり，比較したり，それだけで疲れてしまうときもあるかも。

一方，**ヒューリスティック処理は，少ない情報を直感的に処理し，短時間で意思決定をおこなうものです。**

直感的に「こっち！」みたいなことですか。
システマティック処理の反対ですね。

そうです。**ヒューリスティック処理は，脳への負荷が小さいのが特徴です。しかしその分，正しい予測や適切ではない選択をしてしまう可能性が高くなります。**

ポイント！

意思決定には 2 種類ある

システマティック処理……多くの情報を集めてじっくり比較検討して決める。脳への負荷が大きい。

ヒューリスティック処理……少ない情報を直感的に処理し，短時間で意思決定をおこなう。脳への負荷が小さい。

確かに……。状況によってはちゃんと比較検討して判断しないと危ない場合もありますよね。

そうなんですよ。**しかし，年を重ねるほど，このヒューリスティック処理で意思決定をしてしまう傾向が高まることが明らかにされているんです。**

ええっ！　そうなんですか？
どうしてそうなってしまうのでしょう。

最近の研究により，加齢による脳の機能の低下が影響していることがわかっています。
ヒト特有の，思考や記憶，コミュニケーション，行動や感情表現といった高度なはたらきは高次脳機能といい，脳の中の前頭葉という部位が担っています。
この前頭葉の中の，作業記憶をつかさどる部分の機能が低下することにより，システマティック処理よりもヒューリスティック処理を優位にさせるという研究結果が報告されているのです。

年をとるにつれて，脳もなるべく負荷がかからない思考方法を選択するわけなんですね。
体も脳も同じことなんですね。

そうですね。また，心理学研究では，他者への信頼感について，**高齢になるほど他者への信頼感が高くなり，特に女性にその傾向が強いという結果も報告されています。**

なるほど……。
振り込め詐欺に引っかかってしまうのは高齢者の，特に女性に多いという理由がわかりましたよ。だから簡単に詐欺犯の言うことを信じてしまうわけですね。高齢者の方に何とか自覚を促して，被害を防ぐことはできないものでしょうか。

高齢者の8割は、「自分は詐欺被害にはあわない」と考えていることがわかっています。つまり、本人に注意をうながすだけでは不十分なんですよ。

 どうすればいいんでしょう。

 家族や介護者が、高齢者のこのような心理傾向を理解したうえで、積極的に声かけをしたり、電話の横に詐欺の常套句を貼っておくとか、家族との秘密の合言葉を決めておくなどの対策を講じるしかないですね。

ポイント！

高齢者は振り込め詐欺の被害にあいやすい

高齢になるほど、脳への負担が軽いヒューリスティック処理で意思決定をする傾向が高まる。
また、高齢になるにつれて、他者への信頼感が高まる（特に女性）。
日ごろから、周囲が積極的な声かけをし、詐欺対策を講じておくことが大切。

高齢者が転倒しやすいのも，知覚が関係している

高齢者が，転倒による骨折などで日常生活を送る能力がいちじるしく下がってしまうと，生活に支障をきたしてしまったり，そのことが原因で心の病につながってしまうこともあります。

さらに，転倒の経験によって恐怖感が生まれて，さらに体を動かすことが少なくなり，急激に体が衰えるということも考えられます。

思わぬ悪循環におちいってしまうんですね。何とか転倒は避けたいですが……。

在宅の高齢者の1年間の転倒発生率は，地域差もありますが，約2割と考えられています。しかもこの数値は年齢が上がれば上がるほど高くなることがわかっています。

先生，高齢になるにつれて転倒の発生率が上がるのは，やはり関節がかたくなるとか，足腰の筋肉が衰えるといった，身体的なことが原因なのでしょうか。

もちろん，筋肉など体自体の衰えもあるでしょう。しかし，**高齢者の転倒には，実は知覚の問題も大きくかかわっているのです。**

知覚が？

はい。高齢になると，誰でも自分の身体能力が衰えることは理解しています。
ところが，どこまで自分の身体能力が低下しているのかを客観的に把握している人は，実は少ないのです。

そうなんですか？

はい。東京都健康長寿医療センター研究所と東京都立大学の研究グループによって，高齢者が自分の身体能力をどれくらい把握しているかについての調査がおこなわれました。
この調査は，116人の健康上問題のない高齢者が，自分の身体能力の評価テストをおこない，実際の身体能力を検査します。そして，その後3年間にわたって追跡調査をおこなうというものです。

ふむふむ。

まず，評価テストでは，実験参加者の7メートル前に水平のバーを設置し，自分でまたいでこえられると思うバーの最大の高さを自分で設定してもらい，それを判断の最大値（予測高）とします。

「これぐらいはこせるだろう」という，自分の最大の高さを予想するわけですね。

そうです。次に，実際にバーをまたいでみて，実際に足がふれずにまたいでこせた高さ（実測高）を計測し，予測した最大の高さとの差を求めます。
そしてその差の開きから，自分の身体能力をどの程度過大評価しているかを推定したのです。

なるほど。いわば「理想と現実」の差が大きければ大きいほど自己の身体能力を過大評価しているわけですね。その過大評価の値を，3年間追跡調査したと。一体どんな結果が出たんでしょう？

その結果，**自分の身体能力を過大評価していた人の割合は，調査期間の3年間で10.3％から22.4％にふえていたんです。**

ええっ！
年をとるほど，自分の身体能力を過大評価する傾向が高まるというわけですか。

その通りです。さらに調べたところ，**外出頻度が低い人ほど，自分の身体能力を過大評価，または過小評価する傾向が高いこともわかりました。**

つまり，外出の頻度が低い人は，3年間で身体能力が低くなっていくのにもかかわらず，予測高が高くなり，結果として過大評価が生まれているのです。

 あまり外出していないから，その間の身体能力の衰えを自覚しづらいということでしょうか。

 そうですね。この調査結果から，高齢になるにつれて，自分の身体能力に対する主観と客観のズレは大きくなっていき，また，定期的に体を動かしていないと，主観と客観のズレに気づきいにくくことがわかります。
高齢者の転倒が多いのは，主観的にはこえられるはずのの段差を実際にはこえることができず，それが転倒につながってしまうのですね。
また，**自分の身体能力に対する主観と客観のズレを修正するためにも，日ごろから運動するなどして，自分の体の状態をつねに実感することが大切です。**

ポイント！

高齢になるにつれ高齢者の転倒が多いのは，自分の身体能力に対する主観と客観のズレがあるから。自分ではこえられると思っている段差を実際にはこえることができず，転倒につながる。
普段から運動や外出をし，自分の身体能力を実感することが大事。

身体機能は衰えても判断力は衰えにくい

 先生，身体能力の衰えはもちろんですが，それを自覚できないことも，とても危険なんですね。そう考えると，スポーツ選手が，まだものすごく若いのに「体力の衰え」を理由に引退することがありますよね。やっぱりプロになると，自分の身体能力に対する感性が研ぎ澄まされているんでしょうね……。

 そうですね。ここで，身体能力とはまた別な能力のお話をしましょう。スポーツ選手の中には，若くして引退する選手もいれば，比較的年齢が高くても活躍し続ける選手もいますよね。

 確かに，いますね！　サッカーの"キング・カズ"こと三浦知良選手なんて，56歳でまだ現役ですからね！
（2023年9月時点）

三浦選手は高齢者の範疇には入りませんが，50代後半の年齢でもなお，活躍し続けることができるのには，身体能力とはまた別な理由があるといえます。

別な理由？

はい。まず筋肉の老化は，一般の人では30～40代ではじまるといわれています。また，一般的には，年齢を重ねるにつれて，瞬発的な動きを含むはげしい運動をしなくなります。そのため筋肉の中でも，瞬発的な運動のための，速筋とよばれる筋肉が衰えやすいといいます。
でも，スポーツ選手は日々トレーニングを積んでいるため，その限りではないでしょう。

じゃあやっぱり，日々のトレーニングによって，筋力が衰えないようにしているから，いつまでも活躍できるわけですか。

筋力だけでスポーツはできません。プロスポーツ選手は，筋力はある程度維持できるでしょう。しかし，先ほどお話ししたように，脳の衰えが体の動きにもたらす影響は見のがせません。

脳の老化によって，体を動かす神経の伝達速度や筋肉と神経の接続機能などが衰え，「思ったように体を動かせない」という現象が発生します。スポーツ選手が衰えを感じて引退を考える原因となるのは，筋力の衰えよりもむしろ，こちらのほうかもしれません。

なるほど……。

脳の老化は誰もが避けられないことですもんね。ではずっと活躍し続けられる理由って，一体何なのでしょうか。

同じ脳のはたらきでも，実は衰えにくい能力があるからなんです。それはズバリ，判断力です。

判断力か！ 若手よりも経験があるぶん，判断力にすぐれていることは，ベテラン選手の強みですよね。

確かに，スポーツは筋力や身体能力だけではできませんからね！

記憶や思考，判断など，ヒト特有の高度な機能のことを高次脳機能といいます。

先ほどお話がありましたね。でも，高次脳機能は加齢によって衰えていき，高齢者が振り込め詐欺にあいやすいのもそれが原因だということでしたが……。

その通りです。この高次脳機能には，**流動性知能**と**結晶性知能**の二つがあることが，1963年に，アメリカの心理学者**ジョン・レナード・ホーン**（1928〜2006）と**レイモンド・キャッテル**（1905〜1998）によって，提唱されています。

流動性知能と結晶性知能？

はい。**流動性知能とは，新しい情報を獲得・処理する能力です。**直感力や処理能力などが含まれます。
一方，**結晶性知能とは，知識や経験にもとづいて理解・判断する能力のことです。**こちらは，理解力や洞察力，創造力やコミュニケーション能力などが含まれます。

流動性知能・結晶性知能

流動性知能	結晶性知能
新しい情報を獲得・処理する能力	知識や経験にもとづいて理解・判断する能力
直感力 処理能力 etc	理解力 洞察力 創造力 コミュニケーション能力 etc

流動性知能のほうは，どちらかというと生まれつきの能力で，結晶性機能のほうは，長年培われていく能力のような感じですか。

その通りです。そして，ホーンとキャッテルによると，**流動性知能は20代後半付近をピークにその後は低下していくのに対し，結晶性知能は30代以降もゆるやかに上昇し，65歳以降もあまり低下しないというのです。**

本当ですか!?

はい。ですから，ベテラン選手の活躍は，さまざまな経験によって裏打ちされる，結晶性知能の高まりによってもたらされるのかもしれません。

また，これはプロスポーツ選手に限ったことではありません。**身体機能が加齢によって衰えても，特に結晶性知能を大切にしていけば，高齢者は判断力の衰えをカバーすることができるのです。**

ポイント！

流動性知能
　新しい情報を獲得・処理する能力。20代後半付近をピークに，その後は低下していく。

結晶性知能
　知識や経験にもとづいて理解・判断する能力。30代以降もゆるやかに上昇し，65歳以降もあまり低下しない。

体は衰えるが，幸福度は上がる！

 先生，脳の機能は衰える一方だと思っていて，何だか年をとることに対してネガティブになっていました。でも，頑張れば上げていくことができる能力もあると聞いて，ちょっと**希望**が出てきました！

 それはよかったです。それでは，年をとるにつれてあらわれる**不思議な心理**について見ていきましょう。

 不思議な心理，ですか。

 はい。
上げていくことができる能力があるとはいえ，やはり肉体や認知機能は，基本的には衰える一方で，向上することはほとんどありません。

 やはり，肉体は衰えていく一方であることには変わりはないんですね……。

はい。それに加えて，年を重ねるにつれ，家族や友人など，身近な人との死別もふえていきます。死という，人生の終わりが，少しずつ近づいてくるのです。

そのような状況を考えると，やはり心理的には，どんどんネガティブな方向に進んでいってもおかしくないように思いますよね。

そうですね……。やっぱり，この先衰える一方だと考えると，ポジティブな気持ちにはなれないですね。またちょっと悲しくなってきました。

ところが，最近の研究の結果から，ある不思議な現象が報告されて，注目を集めているんです。

高齢者の心のあり方を研究する老年心理学の研究によると，**高齢期になっても，本人が感じる幸福感（主観的幸福感）はけっして低くなく，若者の主観的幸福感とくらべても同程度か，むしろ安定しているというのです。**

そうなんですか？

肉体や認知機能が明らかに低下して，自分にも死が近づいている状況にあるのにですか？

ええ。おっしゃるように，この心理的な現象は一見して，加齢とともにふえていくネガティブな状況と矛盾していますよね。

このため，こうした現象はエイジング（加齢）・パラドックスとよばれています。

エイジング・パラドックス

高齢期になると，幸福感（主観的幸福感）は高まっていく傾向にある。

生活の主観的な満足度

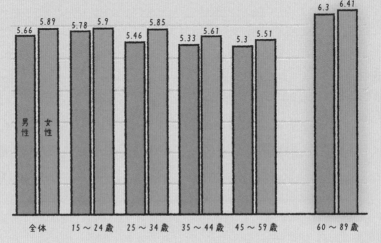

	男性	女性
全体	5.66	5.89
15〜24歳	5.78	5.9
25〜34歳	5.46	5.85
35〜44歳	5.33	5.61
45〜59歳	5.3	5.51
60〜89歳	6.3	6.41

 グラフを見ると，確かに幸福感が，高齢者では高いですね。

 エイジング・パラドックスがなぜ生じるのか，その理由はまだはっきりとはわかっていません。しかし，いくつかの可能性が指摘されています。

まずあげられるのが，自分の体の衰えに合わせて目標を下げたりしぼりこんだりすることで，自分の老いにうまく適応している可能性です。

目標を下げたりしぼりこんだりする？

はい。あなたが高齢期に入り，足腰が弱ってしまっている状態だとしましょう。その状況で，たとえば「富士山登頂」という目標を立てたとしたら，どうでしょうか？

いやいや厳しいでしょう。
それどころか「自分にはもう登山は無理なんだな」と考えてしまって，落ちこみそうです……。

そうですよね。それよりも，「だいぶ足腰は弱っているけれど，まだ自分の足で歩ける。できるだけ毎日散歩に出かけよう」と考えたら，どうでしょうか。

そっちのほうが全然楽しそうです。達成感も得られそうだし，元気になれそうな気がします。

そうですよね。このような適応の仕方はSOC理論といわれます。あとからくわしくお話ししますね。
このほか，もっと悲惨な状況や環境と比較して，「それにくらべれば自分はまだいいほうだ」と考えるなど，たとえ心身が衰えていても，物事のとらえ方を変えることで，幸福感を維持していると考える研究者もいます。

なるほど。確かに，うちの祖父母は戦争を体験していますから，当時を回想して，「あのころとくらべれば，自分たちは今は幸せだよ」ってよく言いますね。

また，高齢者は若者にくらべてポジティブな情報に注意をむける傾向があることも知られています。これは，**ポジティビティ効果**といわれるもので，これもエイジング・パラドックスに関係しているといわれています。
ポジティビティ効果についても，あとからくわしくお話ししますね。

へええ……。高齢になると，心身はどんどん衰えていくのに，逆に幸福感が高まっていくなんて……。何だかいいですね。またちょっと，自分の老後について前向きな気持ちになれました。

今後，さらに少子高齢化社会が進み，高齢者の割合がふえてくることが予想されます。高齢者特有の心理状態に関する研究もふえていくでしょう。そうなれば，エイジング・パラドックスの理由も，今よりさらに明確になるでしょう。

できないことは無理しない「SOC理論」

先ほどお話しした，エイジング・パラドックスの理由の一つと考えられているSOC理論について，あらためてご紹介しましょう。

SOC理論（Selective Optimization with Compensation：選択最適化補償理論）は，老いに適応するための方法として，ドイツの心理学者**ポール・バルテス**（1939～2006）が提唱したものです。

老いに対してネガティブになってしまったときの対処法みたいなものですか。

そうですね。
昔にくらべると，元気な高齢者がふえているとはいえ，体が衰えつつあるのに，若いころと同じようにさまざまな活動をおこなおうとすると，適応できずに苦しむことになってしまいます。
高齢者がこのような状況に対応するためには，「目標をしぼり込んで行動するのがよい」と考えるのが，このSOC理論です。

なるほど。

具体的には，
選択（Selection），最適化（Optimization），補償（Compensation）の3ステップで構成されます。
まず，若いころよりも目標をしぼりこみ（選択），それを達成できるようにみずからの資源（能力や時間，資金など）を効率的に活用し（最適化），さらに周囲からの援助などのこれまで使っていなかった方法を利用することで，能力の低下を補う（補償）というものです。

SOC 理論

選択（Selection）・最適化（optimization）・補償（Compensation）の3ステップで構成される。目標をしぼりこんで行動することで、能力の低下を補う。

1. 選択（Selection）

目標を切り替えたり水準を下げる。

2. 最適化（optimization）

自分の資源を効率よくつかうための工夫をおこなう。

3. 補償（Compensation）

まわりの助けを借りたり、これまでとはちがう新たな方法を試すことで、能力の低下を補う。

SOC理論の成功例として有名なのが，ポーランド出身の高名なピアニスト，**アルトゥール・ルービンシュタイン**（1887 〜 1982）です。

ルービンシュタインは，古典派やロマン派から，南米音楽や現代音楽まで，実にさまざまなジャンルの曲を演奏することで知られていました。

古典から現代音楽まで！
すごいピアニストだったんですね。

はい。ところが，ルービンシュタインもやはり，年を重ねるにつれて，演奏技術に衰えを感じるようになったのです。

弾けなくなってしまったら，つらいですね……。

しかし，ルービンシュタインは，ある対策をとったのです。
ルービンシュタインはまず，演奏する曲目を厳選するようにしたのです（選択）。

そして，選んだ曲にしぼって，それらを若いころよりも時間をかけて練習しました（最適化）。

さらに，指の動きが悪く，若いころよりも速いフレーズを弾けなくなったため，演奏のスピードが落ちたことに気づかれないよう，速いフレーズの前段部で，わざとテンポを落として演奏するという，新たな演奏手法も編みだしたのです（補償）。

なるほど〜！

こうして，ルービンシュタインは，80歳をすぎても，素晴らしいピアノ演奏をおこないました。
このように，**できないことを無理にやろうとせず，選択や最適化，補償をうまくおこなうことで，老いに適応することができるのです**。

素晴らしいですね！

身近な例では，たとえばスポーツで，目標のスコアを若いころよりも下げるのは「選択」ですし，出かける前に，忘れ物がないか以前より時間をかけて確認するのは「最適化」にあたります。また，老眼鏡を利用することは「補償」になるでしょう。

老眼鏡もですか〜！

また，体力が衰えて買い物が大変になった場合，遠くのスーパーから近くのスーパーに変え（選択），必要なものを事前にリストアップして買い物時間を最小限にし（最適化），ときにはネットスーパーを活用する（補償）といったことも，SOC理論の応用といえます。
このように，SOC理論は，自分の能力や資源を効率よく効果的に使うための**戦略**といえるでしょう。

先生，SOC理論って，高齢者に限らず，私たち世代も使えるのではないですか？

その通りです！

バルテスは高齢者を想定して提唱しましたが，**SOC理論は，実は，若年者や中年者にとっても「今の自分にとって何が重要か，手にしている能力をどう使えば実行できるか」を考えるうえで，とても役立つ理論といえます。**

そうですよね。いいこと聞きました。

高齢になるにつれ，老いにうまく適応できないと，「何をやってもむだだ」といった無力感にとらわれてしまい，それが老年期うつ病のきっかけになってしまうこともあります。老いに対応する「戦略」も，ぜひ活用したいものです。

続いて，「高齢者は若者にくらべてポジティブな情報に注意をむける傾向がある」という**ポジティビティ効果**についてご紹介しましょう。
あなたは，高齢者に対して，「都合のよいことばかり覚えている」「自尊心や有能感（自分はできるという気持ち）が高い」「まわりの意見に耳を貸さず頑固」などと感じたことはありませんか？

ありますね。もっと効率のいいやり方があるのに，自分のやり方を変えないとか……。高齢になると，なぜこんなふうになってしまうんでしょうか。

私たちは「ほめてくれているのに，相手の何気ないひとことが気になって，ひどく落ちこんでしまった」などという経験をすることは多いと思います。

確かに，そうかもしれません。

このように，私たちは誰もが，基本的にポジティブな情報よりもネガティブな情報に注意を向けがちで，なおかつ記憶にも残りやすい傾向があるんです。このような心理的な傾向を，**ネガティブ・バイアス**といいます。
バイアスというのは心理学用語で，脳がもともともっている"**くせ**"のようなものをいいます。

私たちの脳はもともと，ネガティブな情報を記憶するくせがあるわけですね。

 その通りです。
これに対して，都合のよいことばかり覚えているという傾向を，ポジティビティ効果（ポジティブ・バイアス）というわけです。高齢者がポジティブなことに目が向きやすいのは，このポジティビティ効果のあらわれだと考えられています。

ポイント！

ポジティビティ効果

ネガティブなことよりも，ポジティブなことを好んで覚えておこうとする心理的な傾向のこと。

 ポジティブなことにばかり目が向くようになるなんて，それも何だか不思議な現象ですね。

アメリカの心理学者，**ローラ・カーステンセン博士**らは，ある実験をおこないました。若者，中年，高齢者のそれぞれに，「ポジティブな気持ちになる画像」，「ネガティブな気持ちになる画像」，「どちらでもない画像」の3種類の画像を次々に見てもらい，約15分後に覚えている画像をできるだけ多く書きだしてもらうというものです。

ポジティブ

中立

ネガティブ

その結果，**若者はポジティブな画像とネガティブな画像
を同じぐらい覚えていたのに対し，高齢者ではポジティ
ブな画像のほうを多く覚えていたのです（下のイラスト）。**

本当だ。
なぜこのような現象がおきるのでしょう？

そもそも，不安，恐怖，怒りといったネガティブな感情は，
私たちが身のまわりの危険や困難を事前に察知して回避
するために機能しています。

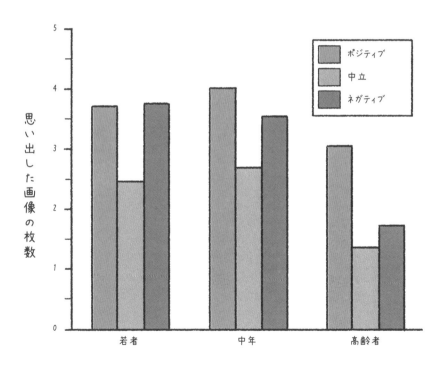

カーステンセン博士は，**人生の残り時間が少ない高齢者は，ネガティブな情報に注意して将来の危険を回避しようとする動機が小さいため，感情的な充足を優先する心理がはたらき，その結果，ポジティブなことに目が向きやすくなるのではないかと推測しているのです。**

なるほど。

カーステンセン博士は，このような心理傾向を社会情動的選択性理論と定義し，エイジング・パラドックスの理由の一つとして提唱しています。

つまり，高齢者は，肉体的な衰えを抱え，身近な人との死別を経験し，みずからの死も近づいているというネガティブな状況であっても，よりポジティブなものへと注意が向くという心理傾向に向かうことで，幸福感を維持できている可能性があるというのです。

なるほど……。

同じような理由で，高齢者はお金や新しい刺激などへの関心が薄くなり，身近な人間関係などを重視する傾向が見られます。

カーステンセン博士によると，これは加齢による消極的な姿勢ではなく，充実した時間を得るための前向きな選択だといいます。

高齢になり，心身が衰えると，自然とそのような心理がはたらいて，老化に適応しているわけですか。

社会情動的選択性理論

心身の衰えや身近な人の死などがふえる高齢者に見られる，ポジティブな情報を好んで選択しようとする心理傾向のこと。ポジティビティ効果の理由とも考えられる。

 そうですね。**このような心理状態は，何かを失うことが多い高齢期において，心の健康を保つための自己防衛機能の一種だと考えられています。**

ただし，こうした現象は民族や文化によってことなるとの指摘もあり，今後の研究が待たれます。

 よくできているんですね。不思議だなあ……。

 このようなことをふまえると，最初に触れた，「都合のよいことばかり覚えている」「自尊心が高い」「まわりの意見に耳を貸さず頑固」といった，高齢者特有の特徴も，ネガティブな要素がふえる高齢期にあって心を守るための，同様の現象といえるかもしれないのです。

 そうなんですね……。頑固とか自尊心が高いといった高齢者の特徴って，下の世代から見ると単なるワガママみたいに感じてしまってましたけど，ちょっと見方が変わりますね。

私たちも、たとえば、何かひどく落ちこんだとき、楽しかったことを思い返して心を落ち着かせたり、悪い出来事がおきてしまったときに、その出来事の悪い側面ばかりではなくて、よい側面にも目を向けてみたり、といったことをおこなっていないでしょうか？
このように、ストレスを感じたとき、感情を前向きな方向にもっていくことを感情調整といいます。

ああ、確かにそうかもしれません。落ち込んだときに、笑える動画を見たりとか、車をぶつけてしまったとき、「でも人じゃなくてよかった」と考えたりとか……。

そうですよね。こうした感情調整は、若い人よりも高齢者のほうがよくもちいることが知られています。
高齢期になると、体の機能が衰えてストレスを感じる場面は多くなります。しかし、高齢者はポジティブな情報に目を向けることでストレスとうまくつき合っているといえるかもしれません。

年を重ねるごとに心は丸くなる

STEP2の最初に、年をとるにつれて怒りっぽくなる傾向についてお話ししましたね。仕事もリタイアし、社会的な抑圧がなくなったために、もともと持っていた短気な性質が解放されるからだと説明しました。

一方で，高齢者の中で，「性格が丸くなったといわれる」，「涙もろくなった気がする」など，加齢によって性格が変化したと感じる人も少なくないのです。

それは割とよく聞きますね。
でも，そういう人はもともと穏やかで涙もろい人だったというわけではないのですか？

では，個人がもともと持っている性格そのものに注目し，加齢とともに根本的な性格はどう変わるのかについて見てみましょう。

なるほど，ちょっと興味深いですね。
性格ってそうそう変わるものではないように思えますけど，やはり加齢によって変わるものなんですか？

まず，性格を評価する理論については，いくつかの心理学のモデルがあります。
その代表例の一つが，**特性5因子モデル**です。
このモデルでは，性格を構成する因子を**神経症傾向**（不安，敵意，抑うつ，自意識など），**外向性**（社交性，活動性，ポジティブ情動など），**開放性**（感受性，知的好奇心など），**調和性**（信頼，やさしさ，共感性など），**誠実性**（有能感，良心性，慎重さなど）の五つに分けて考えます。そして個人の性格は，この五つの独立した要素の組み合わせである，と考えるわけです。

へええ〜！　特性5因子モデルなんてはじめて聞きました。面白いですね。

特性5因子モデルにもとづいて，加齢による性格変化を評価した研究は複数，実施されています。
その結果，いずれの研究でも，年を重ねるにつれて「神経症傾向」「外向性」「開放性」が低下し，「調和性」は向上，「誠実性」は60代まで向上し，その後ゆるやかに低下するという結果が得られているんです。

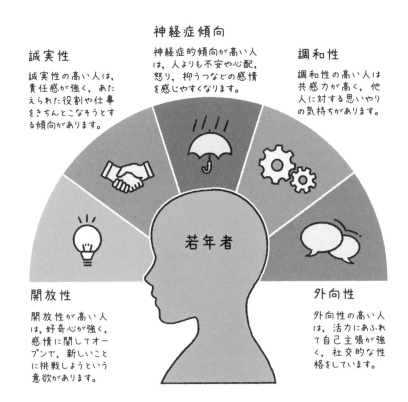

神経症傾向
神経症的傾向が高い人は，人よりも不安や心配，怒り，抑うつなどの感情を感じやすくなります。

誠実性
誠実性の高い人は，責任感が強く，あたえられた役割や仕事をきちんとこなそうとする傾向があります。

調和性
調和性の高い人は共感力が高く，他人に対する思いやりの気持ちがあります。

若年者

開放性
開放性が高い人は，好奇心が強く，感情に関してオープンで，新しいことに挑戦しようという意欲があります。

外向性
外向性の高い人は，活力にあふれて自己主張が強く，社交的な性格をしています。

わあ，年をとると，五つの性格のバランスが変わりますね！

 そうなんです。この結果から，**高齢になると社交性や刺激を求めるポジティブさは小さくなり，平穏や情緒の安定性を求めるようになることがわかります。**

 じゃあ，年を取ると丸くなるとか涙もろくなるって，本当なんですね。ちなみにそれは，外的な環境などは影響しないんですか？

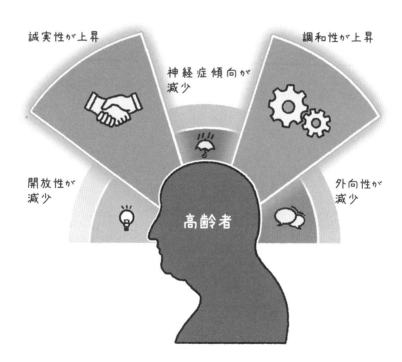

ええ。こうした性格の変化には，国や文化の差は見られないんです。このことから，**性格の変化は，ヒトが進化の過程で身につけた生得的なものではないかと考えられています。**

そうなんですね。確かに……，お年寄りが保守的だというのも納得ですね。

その一方で，**同年代の中での比較によって性格をとらえると，年をとるほど『性格は変わらない』と強く感じるようになるという研究報告もあります。**

ええっ？　どういうことですか？

たとえば，数十年ぶりの同窓会で同級生に再会するとします。このとき，明るい性格だった人は明るいままだったし，怒りっぽい性格だった人は怒りっぽいままだった，といったぐあいです。

「あいつ，昔から変わってないな」ってことですね。
でも，高齢になると性格は丸くなるとか，変化するわけですよね？　「あいつ，丸くなったなあ」とはならないんですか？

確かに，この結果は特性5因子モデルの研究結果と矛盾するように見えますが，特性5因子モデルの研究結果は，あくまでも集団全体の変化の平均値をあらわしたものです。それに対して，同じ年代の中だけで見れば，その人の相対的な性格が大きく変わるわけではないのです。

面白いですね。心身は衰えていくけれど，それをカバーするように心理的な部分や性格的な部分が変化していくなんて，何だかとても不思議ですね。

心は生涯発達する〜超高齢者の心理

老年研究では，従来，高齢者の心身は衰える一方だと考えられてきました。しかし，現代の老年心理学で主流となっているのは，生涯発達という概念です。
生涯発達とは，加齢による心身の衰えも発達の一環であり，衰退ではなく変化であると考えるものです。

ええっ！
素晴らしい概念じゃないですか。衰えというと，坂道を下っていくような，どんどん弱っていくようなイメージですけど，それもまた発達の一種だなんて。

現在，90歳代や100歳以上の超高齢者がめずらしくなくなってきています。そうした超高齢者の中には，いくつもの病気を抱えるなど，一見すると幸せとは思えない状況にいる人が少なくありません。

しかし，ここまでお話ししたように，そんな状況においても感情的に安定し，幸福感に満ちている人がいます。

高齢になるほど，幸福感が増すというお話でしたね。

はい。こうした心理的な変化は，近年のさまざまな研究によって指摘されています。

スウェーデンの社会学者ラルス・トルンスタム（1943～2016）もまた，こうした高齢期における心理的な変化を指摘しています。

私たちの多くは，財産，社会的な成功，すぐれた容姿，健康などを望みますよね。そして，それらが実現すると幸せに，欠けていると不幸せに感じます。

そうですね。私もそうです。

ところがトルンスタムは，調査研究を続けていくうちに，こうした価値観から脱却して，別のものや事柄に価値や幸せを見いだすようになる高齢者が少なくないことに気づきました。そして，老年的超越という概念を提唱しました。

老年的超越？
何だか，悟りを開くというような感じですね。一体どういう状態なんですか？

老年的超越になると，まず，心身を含めて自分への執着がなくなって，ほかの人のことを思いやる利他的な考え方になります。

また，表面的な人間関係や友人の数などには執着しなくなり，自分一人の世界を大切にするようになります。

ふむふむ。たとえばSNSのフォロワーの数とか，閲覧数とかとは対極の世界という感じですね。

そうですね。そして，先祖や遠くにいる家族など，時間的・空間的にはなれている人とのつながりを感じるようになります。さらに，人類全体や宇宙との一体感を感じるようになり，死を一つの通過点と感じ，死に対しておそれの感情を抱かなくなります。

ポイント！

老年的超越

・老年的超越になると，自己への執着がなくなり，利他的な考え方になる。

・表面的な友人の数より，一人の世界を好むようになり，先祖や遠くに住む家族など，時間的・空間的にはなれている人とのつながりを感じるようになる。

・人類全体や宇宙との一体感を感じるようになり，死は一つの通過点と考え，おそれの感情を抱かなくなる。

何だか，とてもスピリチュアルな感じですね。

そうですね。
このような，トルンスタムの老年的超越の概念が広く知られるようになったのは，アメリカの心理学者で精神分析家の**エリク・H・エリクソン**（1902〜1994）の影響が大きいと考えられています。
エリクソンは，生涯発達心理学の理論として，**心理社会的発達段階理論**を提唱しました。

心理社会的発達段階理論？
どんなものなんですか？

心理社会的発達段階理論とは，生涯を通じて発達の段階があり，それぞれの段階には特有の「危機」があり，それを解決していくことがその段階における「課題」であるとするものです。
エリクソンは，一生を乳児期から超高齢期までの9段階に分けて考え，その段階ごとの課題と，達成されることで得られる要素と，達成されなかった場合にもたらされる要素を定義したのです。

年代ごとの課題か……。
確かに，それぞれの年代をむかえるとぶち当たる壁みたいなものがありますよね。

そうですよね。たとえば第1段階の**乳児期**の発達課題は，親とのあいだに**基本的信頼**を構築することです。

ポイント！

心理社会的発達段階理論

一生は乳児期から高齢期まで8段階がある。それぞれの段階には特有の「危機」があり、それを解決することが、その段階での「課題」であるとする理論。

 エリクソンは、この時期に親に対する基本的な信頼感を得ることで希望を得ることができ、達成されない場合は、未来への不信を抱く「基本的不信」におちいると考えました。

 幼少期の親とのかかわりは、のちの人格形成に重要だといわれていますよね。

 乳児期に得た「希望」は、乳幼児本人にとって自覚できるものではありません。しかし、その後の人生を生きていくための糧になると考えられています。

各年代の課題は，その後の段階にも影響をあたえていくんですね。

そうですね。
また，第7段階の**壮年期**（近年は高齢期も）の発達課題は**世代性（ジェネラティビティ）**としています。
これは，自分自身の利益よりも，**次世代の育成**を優先しようという気持ちのことです。次世代に自分の経験などを伝えていくことで，老いゆく自分や最終的に訪れる死を受け入れることができるというのです。

ふむふむ。

そして第8段階の**高齢期**の発達課題は**統合**です。統合とは，「よかったことも悪かったことも，全部合わせて自分の人生である」と考え，自分の人生を**受け入れる**ことを意味します。
この課題が達成できない場合，「もうやり直す時間は残されていない」という絶望におちいってしまうといいます。

それはつらいですね。

さらにエリクソンは，**晩年**にあたる第9段階を加えました。エリクソンは，従来あまり考慮されていなかった85〜90歳以上の超高齢期について，高齢期とは分けて考える必要があるのではないかと考えたのです。
そして，この第9段階こそが，トルンスタムが提唱した老年的超越であると理解されています。

なるほど……。
老年的超越は何が課題なんでしょうか？

この段階になると，肉体の衰えがいちじるしくなって，
他者の介護なしでは生活できない人がふえ，目前にせま
りくる死はより切実なものとなります。
絶望はさらに深刻になり，統合は困難をきわめます。

最もネガティブというか，過酷ともいえる状況ですよね。

そう思えますよね。
そして，この最終段階の課題こそが超越なのです。
エリクソンによれば，自分と自分を取り巻く家族や親し
い友人，環境などへの基本的な信頼感を獲得することが，
死への恐怖を乗りこえることにつながり，それが超越に
達するきっかけになるといいます。
80歳や90歳という，他者の支えが不可欠となった第9段
階にも，あらためて「基本的信頼」が必要になり，それが
超高齢期を生きる希望になると考えたのです。

最後の段階で，ふたたび乳児期の課題が登場するなんて，
不思議ですね。
超越って，死を受け入れて生きるってことなんですね。

高齢になると，体の自由がきかなくなり，一人で過ごす
時間がふえて，自分の内面と向き合う時間がふえるでしょ
う。その結果，内面的な世界が充実していき，それが
老年的超越のような状態につながるということもあるか
もしれません。

内面の充実ですか……。
さまざまな執着から脱却して，死すらもこわくなくなる
なんて，そんな境地にぜひ立ってみたいです。

 そうですね。山あり谷ありの人生の最後に，そのような
世界観が待っているとすれば，年を重ねることへのネガ
ティブな感情が少なからず取り除かれるのではないでし
ょうか。

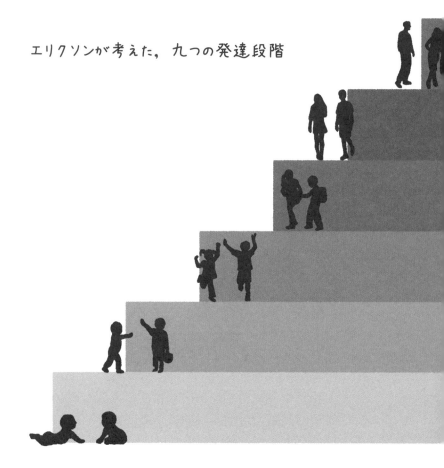

エリクソンが考えた，九つの発達段階

超高齢期　老年的超越

さらにせまりくる死の絶望を、家族との信頼関係などを通じて乗りこえ、「超越」にいたります。

高齢期　統合

自分の人生に満足して受け入れる「統合」を達成します。これに失敗すると、人生の時間があまり残されていないことに対する「絶望」におちいります。

壮年期　世代性（ジェネラティビティ）

仕事や家族関係の中で、自己に固執せず新たな世代を育てていく「世代性」を身につけることで、発達の停滞を乗りこえます。また、これによってさらに自己が確立します。

青年期後期　親密性

友人や恋人との間に深い関係を築いていくことで「親密性」を獲得します。また、その中で自分に対する信頼も深めていきます。これに失敗すると、「孤独」におちいることになります。

青年期前期　自我同一性獲得

身体的・知的発達にともない、「自己とは何か」に対する意識が高まります。「これこそ自分である」というものを確立し、「自我同一性」（アイデンティティ）を獲得することが課題となります。

児童期　勤勉性

学校の勉強やスポーツなどを身につけることを通じて、子ども集団の中での自分の居場所を確立します。この際に「勤勉性」を身につけます。これに失敗すると、「劣等感」を感じることになります。

幼児期後期　積極性（自発性）

関心が遊びに向けられ、「あれはやってみたい」「これはやりたくない」という欲求のもとに、自発的な行動を身につけます。ただし、親の意向とぶつかる場合もあるため、「罪悪感」を覚えて積極性をおさえてしまうこともあります。

幼児期前期　自律性

自分の行動を制御し、ルールを守ることができる自分を誇る「自律感」を身につけます。たとえば、トイレトレーニングなどが目標となります。これに失敗すると、他者に対する恥じらいや自分の能力への疑惑を抱く「恥、疑惑」におちいります。

乳児期　基本的信頼

親との間に「基本的信頼」を構築し、安心感や安全感を得ます。それにより、今後の人生におけるさまざまな新しい経験に立ち向かっていくことができます。これに失敗すると、未来へのおそれを抱く「基本的不信」におちいります。

STEP 3 老いを楽しもう！

加齢とともに心身が衰えていくことには変わりはありません。しかし，気持ちの持ち方や考え方を変えることで，高齢期を前向きに，楽しく過ごすことができます。

「私はまだ若い！」の気持ちが死亡リスクを下げる

先生，高齢になるにつれて，逆にポジティブ思考になっていくのはよいことだと思います。

でも，実際は衰えているわけで，大丈夫ではなさそうなのに，「まだ自分は大丈夫」とか「年寄りあつかいしないでほしい」というようなこともあって，周囲が困惑することもありますよね。

そうですね。そうしたギャップが生じる現象は，主観年齢という観点から考えることができます。

主観年齢とは，実際の年齢とは別に，「自分のことを何歳ぐらいに感じるか」という感覚のことです。

主観年齢は近年，高齢者の心理に密接な関係があるとして注目されているテーマなんですよ。

なるほど。

中年の人が年齢を聞かれて「気持ちはまだ20歳」というようなことですね。

主観年齢
　実際の年齢とは別に，自分が主観的に感じ
ている年齢のこと。

ハハハ。
8〜94歳の約1800人を対象におこなわれた，主観年齢
に関する調査によると，**未成年は実際の年齢より主観年
齢が高かった（＝年をとっている）のに対して，高齢者は
実年齢より主観年齢が低い（＝若く感じている）という結
果が出ています。**

面白いですね。若者が実年齢よりも年をとって感じてい
るというのはわかりますよ。小学生の甥っ子がいるんで
すが，「ボクはもう子どもじゃない！」とかよく言ってま
すよ。逆に高齢になると「年寄りあつかいしないでおく
れ！」となりますよね。

そうですね。
だいたい20代前半ごろを境に実年齢と主観年齢が逆転し
ます。その後は年齢が上がるほど差が大きくなり，40代
で4〜5歳，60〜70代では6〜7歳ほどの開きがありま
す。この，実年齢より自分を若いと感じる傾向は，70代
ごろまで続きます。

20代前半で主観年齢と実年齢が入れ替わるというのも面白いですね。20代も半ば近くになると，次第に「いつまでも若くはない」ことに気づき始めますよね……。

 そして，80代以上では，体調などによって感じ方がゆれ動くことがあり，精神状態がよくないときには「自分はもう若くない」と答えるケースも見られたといいます。

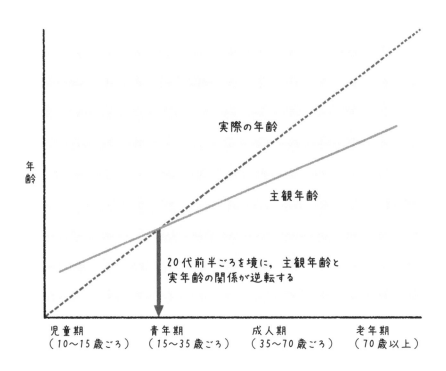

80代ともなれば，体の不調も大きくなるからでしょうね。

また，アメリカでも同様の調査がおこなわれました。
アメリカでは，実年齢との開きは日本より大きく，70代
の女性は平均して28歳も若いと感じていたそうです。

28歳も!?
なかなかダイナミックですね！

そうですね。人は主観年齢にそって行動するため，主観
年齢は服装や髪型，言葉づかい，興味・関心の対象にま
で影響します。
そして，これが実年齢よりも若々しいふるまいにつなが
り，心身の健康にプラスとなることも少なくありません。

そうなんですね！
高齢になるほど鮮やかな色の服を選ぶといい，というよ
うな話を聞いたことがあります。あまり自分を老人だと
思わないほうがいいということですか。

その通りです。というのも，近年の研究により，**主観年
齢は実年齢よりも健康状態や寿命，幸福感などとの関連
が大きいことが明らかになっているのです。**
高齢者について考えるうえで，主観年齢の重要性は増し
てきているといえるでしょう。

若い格好をすると，「若作り」とか言われてしまいがちで
すけど，どんどん若作りしちゃっていいんですね！

そうですよ。また，それだけではありません。**主観年齢が低い人のほうが死亡リスクが小さいことや，記憶力などがすぐれていることを示す，さまざまな研究結果も発表されているのです！**

すごいじゃないですか！
自分は若い！ って思うことが，健康や長寿につながるわけですね！

ポイント！

主観年齢が低いほうが，死亡リスクが小さく，記憶力などがすぐれている傾向がある。

ありのままを受け入れる「マインドフルネス」

2000年代から日本でもビジネスシーンを中心に広がっているマインドフルネスをご存じでしょうか？

よく聞きますね。この間上司も言ってました。確か，ヨガや瞑想，呼吸法とかで心を落ち着かせる，みたいなものじゃなかったでしたっけ？

マインドフルネスとは，意識を，自身の呼吸や筋肉の動きなど，今，体が体験していることにだけ集中させることで，ストレスをともなう思考回路をリセットし，心を健康に保つための心理療法の一つです。それを実践するために，ヨガや瞑想，呼吸法などをもちいます。

そうなんですね。どうやってリセットされるんですか？

私たちは，過去への後悔や未来に対する不安をくりかえし考えてしまうことがありますよね。

ああ，ありますね……。
私もクヨクヨと引きずるタイプです。

このような，ストレスをともなう思考をくりかえすことを反芻思考といいます。反芻思考がおきているとき，脳の中では，デフォルトモード・ネットワークという，脳活動が活性化していると考えられています。
これは，脳のある特定の場所の神経細胞を中心とした，無意識に生じてしまう脳活動なんですね。

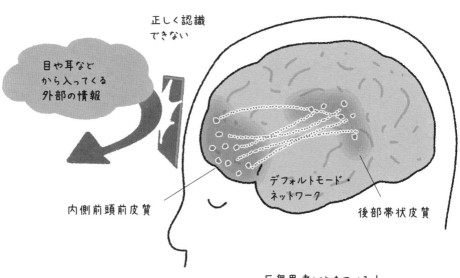

正しく認識
できない

目や耳など
から入ってくる
外部の情報

デフォルトモード・
ネットワーク

内側前頭前皮質

後部帯状皮質

反芻思考がおきている人

ですから，反芻思考が続いていると，目や耳からの情報を正しく受け取れなくなります。その結果，ほかのことが考えられなくなって，負の思考スパイラルにおちいり，それがうつ病につながってしまうこともあります。

自分の意思ではなくて，脳が自動的に活動しちゃうわけですか！

そうなんです。
反芻思考を止める方法として，呼吸や筋肉の動きといった，現在の自分の体の状態に意識を集中させることが有効だと考えられています。五感に意識を集中させることによって，神経細胞の活動を強制的にリセットさせるわけですね。

なるほど。訓練して意識の方向を変えることで，反芻思考を止めるわけですか。

そうです。「今，自分の体が感じていること」「今，自分の体におきていること」など，今の状態に対して，良いか悪いかといった一切の判断をくだすのではなくて，ただ意識を集中させ続けるんですね。
そのために，ヨガや瞑想，呼吸法といった，具体的な訓練方法をもちいるんです。

面白いですね。なかなか鍛錬が必要な気がしますが……。
でも，雑念を追い払う，というとむずかしいですが，「今の状態に集中する」というのは，具体的でわかりやすいですね。

実は，このマインドフルネスが，エイジング・パラドックス（207ページ）につながっている可能性があるという研究結果が，オーストラリアのフリンダース大学准教授 **ティム・ウィンザー博士** らの研究で示されているのです。

本当ですか!?

はい。この研究では，18〜86歳の男女623人を対象に，「マインドフルネスの特性（今この瞬間に注意を向ける，評価を加えない，受け入れる，執着しない，自己中心的な思考から脱する脱中心化）」，「実現できるように目標を柔軟に調整する」，「ウェルビーイング（幸福）への意識」に関するオンライン調査を実施したのです。
その結果，**若年者とくらべて，高齢になるほど，マインドフルネスの特性が強まっていることがわかったのです。**

ということは，高齢者は意識せずにマインドフルネスを実践できているということですか？

そうなんです。
エイジング・パラドックスは，加齢にともなってネガティブな状況がふえるにもかかわらず幸福感は高まっていくという矛盾した現象です。
このマインドフルネスは，心身の衰えといった，高齢期特有のネガティブな状況に，心をうまく対応させる方法の一つだといえそうなのです。

先生, ということは, マインドフルネスを実践すれば, エイジング・パラドックスの状態にもっていける可能性があるということでもありますね。

そうですね。
加齢による老化で自律的な行動がとれなくなり, これからへの不安を抱えてしまっても, 心理的にうまく対処するスキルを身につけていれば, 高齢期を健やかに, 幸福感をもって過ごすことができるかもしれません。

幸せな高齢期を過ごすための一つの具体的な方法として, マインドフルネスが役に立つかもしれませんね。
今, 私たちの世代でも流行ってるみたいですけど, こういう方法を早くから身につけておくのもいいかも……。
私も行ってみようかな。

ポイント!

マインドフルネス

　今の心や体の状態に対して, 一切の判断をくださず, ただ知覚することだけに意識を集中させる心理療法。

マインドフルネスの特性
　・今, この瞬間に注意を向ける。
　・評価を加えない。受け入れる。執着しない。
　・自己中心的な思考から脱する。

いくつになっても，夢をもとう！

 老化によって体が衰えると，さまざまな疾患を発症したり，ケガをしてしまったりして，これまで当たり前のようにできていたことができなくなったり，そのせいでライフスタイルが変わることで，さまざまなリスクが高まるということは，ここまでお話ししてきました。

 はい。特に高齢でケガをして歩けなくなってしまうと，そのまま寝たきりになってしまう可能性が高くなると聞きました。

 その通りです。2020年に，韓国国民健康サービスが60歳以上の高齢者を対象にした調査をおこないました。すると，**股関節骨折**をしてしまった高齢者の自殺リスクが約3倍になったという結果が出たのです。

 つらい結果ですね。なぜ股関節骨折が突出してしまったんでしょうか。

股関節の骨折は，ほかの部位よりも治りにくいといわれており，高齢者がこの部位を骨折すると，寝たきりになるケースが多いのです。この結果は，歩行が困難になってしまい，QOL（キュー・オー・エル）が急激に下がったことでうつ病を発症してしまい，自殺を選んでしまったと考えられているのです。

そうなんですね……。
その，「キュー・オー・エル」とは何でしょうか？

「QOL」とは，Quality Of Life（クオリティ・オブ・ライフ）の頭文字で，日本語では「生活の質」「生命の質」と訳されます。
個々人の，生活の質に対する満足度をあらわす用語で，近年，医療や介護といったさまざまな領域でもちいられるようになっています。
「満足度が高い＝QOLが高い」「満足度が低い＝QOLが低い」というふうに使います。

生活の質というと，暮らしの水準といったことですか？

Lifeという言葉には，生活や生命のほかにも，人生とか生涯，生きがいなど，さまざまな意味が含まれますよね。**QOLでいうところの「ライフ」は，「生活」「生命」「人生」といったさまざまな要素を含むもので，QOLは，それら諸々の要素に対する満足度なんですね。**

生きがいとか社会参加といったことも含まれるわけですね。

その通りです。
今, 世界はかつてない高齢化社会に突入しようとしています。そのため, ただ長生きをするだけではなく,「健康に長生きする(健康高齢化)」ことが世界的な課題になっているとお話ししましたね。

はい。

WHOは健康の概念を,「病気ではないという意味ではなく, 身体的・心理的・社会的に満足のいく状態であること」と定義しています。これがすなわち, QOLの概念になっているんですね。
つまり, ただ生活できているかではなく,「あらゆることを自分の力でおこなえるか」,「自由な意思決定ができているか」,「自分らしく生きているか」といったことに満足できているか, ということなんです。
健康高齢化のために, QOLの維持は近年, 非常に重要視されてきているのです。

なるほど, よくわかりました。

また, QOLは, 領域によってその意味合いも少しことなります。たとえば医療におけるQOLは, 病気やケガでこれまでの生活ができなくなった人が, 治療を経て, 今まで通りとはいかないが, ここまでできればよいと感じられる状態をさします。

そうなんですね。股関節の骨折は, 満足できる水準まで回復することがむずかしいということなのですね……。

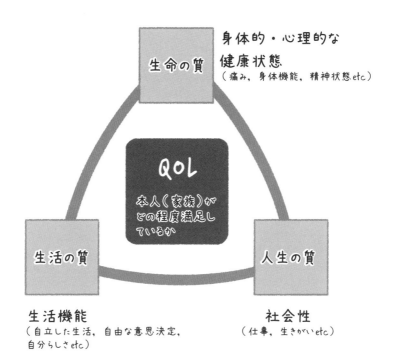

身体的・心理的な
健康状態
（痛み，身体機能，精神状態.etc）

生命の質

QOL
本人（家族）が
どの程度満足し
ているか

生活の質

人生の質

生活機能
（自立した生活，自由な意思決定，
自分らしさetc）

社会性
（仕事，生きがいetc）

ポイント！

QOL（キュー・オー・エル）
　個々人の，「生活の質」に対する満足度を意味する用語。生活の質とは，「生活」「生命」「人生」といったさまざまな要素を含む。
WHOが定義した健康寿命の定義「身体的・心理的・社会的に満足を感じられる状態」と同義の概念である。

また，脳卒中の重い後遺症も，QOLを下げる大きな原因と考えられています。
ローマ・トルヴェルガタ大学の**プッチャレリ博士**らの調査では，脳卒中をおこした高齢者の約30％はうつ病などの精神疾患を患い，その人の介護をしている家族の約50％もうつ症状を示すとされています。

脳卒中の後遺症で，体に麻痺が残ってしまうことがありますよね。ご本人はもちろん，それを支える人も，これまでの生活が一変してしまうわけですもんね……。
私もそんな状況に突然なってしまったら，気持ちを保っていられるかどうか，自信がないです。

そうですよね。しかし，実はまた別な統計結果が出ているんです。**夢があるとか，やりたいことがある人は，脳卒中で重度の障害をおっても，精神的なQOLが高く，うつ症状を発症しないということが，統計的に証明されているんです。**

そうなんですか!?

はい。これは，夢や希望が毎日を生きる張り合いとなって，QOLの高さの維持につながっているといえます。

夢をもつって，大事なことなんですね……。

また，**他人に感謝する心をもつことが，過酷な状況を乗りこえる助けとなっていることもわかりました。**

感謝ですか……。

はい。
これらのことは，これまでの生活が変わってしまうような過酷な状況になったとき，自分の人生に何らかの意味を見いだすということが，心を守る対策になると考えられます。

うーむ。

あなたは**夢**がありますか？
大きなことでも小さなことでも，何でもいいですよ。

えっ，夢ですかあ～。子どものころは野球選手になるのが夢でしたね。今は何だろう。
やっぱりもっとスキルアップして上司に怒られないようにしたいです！　そのためにこうしていろんなことを学んでいるわけですし。
それから……ゆくゆくは家族をもちたいですね。子どもとキャッチボールができたらいいなあ。それから……

いいですね！　いくつになっても，夢をもつことはできます。ささやかなことでも，夢や目標を一つでももつことがQOLの高さに，ひいては幸福な高齢期につながっていくのではないでしょうか。

できるだけ長く社会とかかわろう！

今，60歳をすぎてもはたらき続ける人がふえていますよね。定年の年齢が，60歳から引き上げられるかどうかという議論もおきているようですし。

そうです。その背景には，年金に対する不安やはたらき手の不足などがあります。

一方で，最初にお話ししたように，現代の70歳は昔の70歳とくらべて，肉体的にも精神的にも格段に若いことがわかっています。

そのため，現代心理学的な観点で考えると，本人が望む場合，活動できる限り社会参加をし続けることが，高齢者の幸せにつながるという考え方が主流になってきていることも考えられます。

確かに，最近の高齢者はとても元気という印象がありますね。もし年をとっても元気で，まだまだ社会の役に立てるのならば，可能な限りはたらき続けられたほうが幸せですよね。

そうですね。このように，高齢者であっても社会貢献ができるという考え方はプロダクティブ・エイジングとよばれていて，実は1970年代のアメリカで誕生した理念なんですよ。

そんなに前から考えられていたんですか？

そうです。当時のアメリカでは「高齢者は社会の役に立たない」という偏見や差別が根強く残っていました。
ところが，引退後も元気な60～70代がふえはじめ，社会の認識と実情が合わなくなってきてもいたのです。

ふむふむ。

この状況に一石を投じたのが，アメリカの精神科医で，老年学の父といわれるロバート・バトラー（1927～2010）でした。バトラーは，高齢者に対する固定観念を取り除こうと，プロダクティブ（生産的）という言葉を使い，**1975年に，「高齢者は社会貢献をしており，さらに幅広い社会参加が可能である」とする，プロダクティブ・エイジングの理念を提唱したのです。**

ロバート・バトラー
（1927 ～ 2010）

そんな経緯があったんですね……。

そうなんです。当時，高齢者に対するこのようなポジティブな考え方は画期的なものでした。しかし，元気な高齢者が増加している傾向にともなって国際的に広く定着していったのです。

だからバトラー博士は，老年学の父というわけなんですね！

その通りです。
また，当初，プロダクティブな活動は経済的な生産性に限定する傾向にありました。しかし次第に，「収入のあるなしにかかわらず，社会的に価値のあるものやサービスを生みだす活動」ととらえられるようになりました。

へええ～。今では，そうしたとらえ方がほとんどだと思います。

そうですね。現代では収入をもたらす経済活動のほか，ボランティア活動，介護，家事，孫の世話，社会貢献をめざす学習活動なども「プロダクティブな活動」とされています。
現在，プロダクティブ・エイジングは，高齢者が精神的にも肉体的にも健康を保ち，生産的な活動によって社会に貢献することを意味し，広く受け入れられています。

孫の世話もなんですね。
今は共働き世帯がふえていますから，おじいちゃんやおばあちゃんの存在はすごく大きいでしょうね。

そうですね。
社会貢献に意欲があり，心身が健康な高齢者にとっては，プロダクティブ・エイジングを実践することで，他者とのかかわりがふえたり，自分の役割や自尊感情を獲得できるといったメリットがあります。

ポイント！

プロダクティブ・エイジング

高齢者が精神的にも肉体的にも健康を保ち，生産的な活動によって社会に貢献すること。

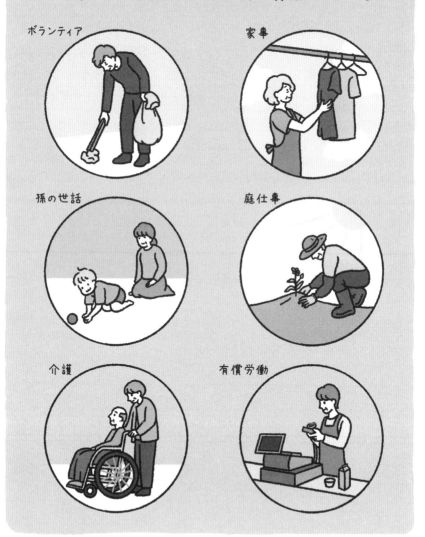

ボランティア

家事

孫の世話

庭仕事

介護

有償労働

また，抑うつ症状の軽減，身体機能の維持，主観的幸福感や生活満足度の向上などにもつながるといった研究報告も，複数なされています。

いいことばかりですね！ それこそ，QOLの向上につながりますね。

そうですね。65〜75歳くらいの前期高齢者では，プロダクティブ・エイジングの実践を意識することが，充実した生活を送ることにつながるといわれています。

4

時 間 目

進化する老化研究

"不老不死"は実現する!?

現在，遺伝子の研究によって，老化や，老化によるさまざまな疾患の予防・治療の可能性が高まってきています。老いに挑戦する最新科学の動向を見てみましょう。

すべての種に当てはまる老化のパターンはない

先生，老化を避けることはできないということはよくわかりました。

でも，老化についての研究も，すごく進歩していますよね。それでちょっと思ったのですが……，不老不死って，やっぱり夢物語なんですか？

医療や老化についての研究がここまで進歩しているなら，もしかして不老不死の研究も，実はとんでもないところまで進化していたりしないのかなあ，と思ったんですけども……。

おっしゃるように，老化は避けることはできません。でも，新しい研究結果が出ていることも事実です。

本当ですか!?

はい。一般的に，加齢にともなって死亡率は上昇し，繁殖力も低下していきます。従来，老化による死亡率の上昇や，繁殖力の低下はすべての生物で同じようなパターンでおきると考えられていました。

年をとると死んでゆき，年をとると繁殖力も失って子孫を残せなくなるというのが老化現象で，これはすべての生物に共通する，ということですよね。

はい。ところが，そうとは言い切れないという研究結果が報告されたのです。

え，そうなんですか？　どんな研究なんですか？

2014年，マックスプランク・オーデンセ老化生物学センターの**オーウェン・R・ジョーンズ博士**らは，「**生命の樹を越えた老化の多様性**」(Mechanisms and Pathways Contributing to the Diversity of Aging Across the Tree of Life) という論文を発表しました。この論文で，ジョーンズ博士らは，さまざまな生物の加齢にともなう死亡率や繁殖率を調べた結果，すべての種に当てはまるような老化のパターンは存在しないのではないかという考えを示したのです。

すべての種に当てはまるような老化のパターンは存在しない……？

はい。この研究では，11種の哺乳類，12種の脊椎動物，10種の無脊椎動物，12種の維管束植物，1種の緑藻類について，標準化された加齢パターンを比較しました。
そして，寿命が長い種と短い種の二つの種のちがいを研究したのです。

なるほど，すべての生物だから，植物も入るのか。

当初，ジョーンズ博士らは，「寿命の長い種であっても短い種であっても，加齢とともに繁殖力が低下し，死亡率がふえるというパターンは同じである」と考えていました。しかし実際に研究をしてみると，さまざまなパターンがあることに気がついたのです。

それって，ざっくり言うと，すべての生物が年をとると死ぬとか，繁殖力を失うわけじゃない，ってことになりますか？

そうですね。
たとえば，触手を使って，獲物をとるヒドラというクラゲに似た生き物がいます。このヒドラは，生育に適した環境を選ぶことができれば，成体の5％が1400年後も生きるということがわかったのです。

せんよんひゃくねん!?

つまり，**さまざまな種の加齢と繁殖率と死亡率の関係は複雑で，単純なものは存在しない**ということがわかったのです。

ポイント！

さまざまな種の加齢と繁殖率と死亡率の関係は複雑で，すべての種に当てはまるような老化のパターンは存在しない。

ヒドラ

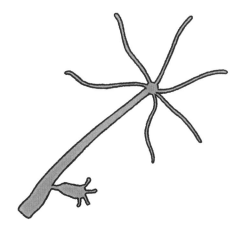

 いわれてみると，人間だって，昔とくらべて平均寿命がのびていますよね。これはヒドラのように，昔とちがって，生きるために最適な環境が整っているから，といえるわけですよね。

はい。おっしゃるように，人間の死亡率は20世紀から21世紀にかけて大きく変化し，長生きがふえています。しかし，これは遺伝的な変化ではなくて，ヘルスケアの進歩を含んだ人間の行動や環境の変化であるとジョーンズ博士らは見ています。

なるほど……。先生，この発見って，不老不死は夢物語でもないのかも，といえませんか。

そこまではわかりませんが，ともかく，この画期的な考え方によって，老化に対する研究は大きく進歩したことはまちがいありません。

ゾウの細胞のしくみを人間のがん治療に応用!?

これまで，体の大きな生物は，体の小さな生物にくらべて細胞ががん化する可能性が高くなると考えられてきました。

そうなんですか？

1時間目でお話ししたように，がんは，DNAの傷によって生じます。このDNAの傷の原因の多くが，細胞が分裂するときにおこると考えられています。
ですから，体が大きければ大きいほど，細胞分裂の数もふえますから，DNAの傷が発生する可能性も高まると考えられました。

あ，そうか。細胞が多ければ多いほど，細胞分裂の回数がふえるわけですからね。
先生，ということは，たとえばネズミよりもゾウとかクジラのほうが，がんになりやすいということですか？

そう思いますよね。ところが実際には，哺乳類のどの種でも，体のサイズとがんが発症する確率には関係がないことが明らかになっているのです。

一体どっちなんですか！

まあまあ。この矛盾が，これからのがん研究にとても大きな意味をもつかもしれないのです。

がん研究に!?

そうなんです。
たとえばゾウは大型生物の代表ですよね。

体重が60キログラムの人間だと，細胞の数は37兆個あるといわれています。一方，ゾウの体重は5000～7000キログラムあります。ですから，ゾウの細胞の数は人間のほぼ100倍だと考えられます。

しかし，それだけの量の細胞が分裂をくりかえしているにもかかわらず，ゾウはがんになりにくいことがわかっているのです。

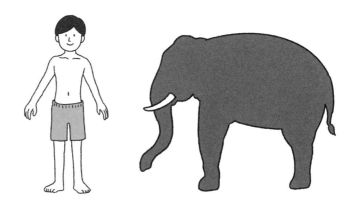

ゾウはがんにかかりにくい!?　いったいなぜなんですか？

その秘密は，ゾウがもつ遺伝子にあるようです。

私たちヒトを含め，多くの生物では細胞が傷つくと，p53という，がん化を抑制する遺伝子がはたらき，ほかの遺伝子にはたらきかけて，細胞分裂を止めてそれ以上増殖させないようにしたり，損傷が大きい場合はアポトーシスを促したりします。

損傷した細胞をほうっておくと，がん細胞へと変化するリスクが高まります。そこで，細胞がみずから壊れることでがん化を防ぐわけですね。

1時間目にお話がありましたね。アポトーシスって細胞がみずから死ぬことですよね（83ページ）。

p53が中心となって，DNAの損傷に応じていろいろと指令を出して，がん化を抑制しているわけなんですね。

そうなんです。ですから，p53のはたらきが弱まると，がんになりやすくなってしまうんですね。

なるほど。

そして，ゾウはこのp53遺伝子が通常の哺乳類より多く，人間が1組しかもっていないのに対し，ゾウはなんと20組ももっているんです。そのおかげでゾウはがんになりにくいのではないかと考えられています。

ということは，ゾウは体が大きいぶん，細胞のがん化を抑制する遺伝子も多い，っていうことなんですね。

その通りです。さらに2018年，シカゴ大学のファン・マヌエル・バスケス博士らの研究グループは，p53とは別の遺伝子が，ゾウのがんの抑制に関与している可能性を発表しました。

その研究結果によると，ゾウは，傷ついたDNAのがん化を抑止する，独自の遺伝子をもっているというのです。

独自の遺伝子？

はい。
バスケス博士らは，何種もの哺乳類の**ゲノム**（DNAの遺伝情報）とゾウのゲノムをくわしく比較しました。すると，ゾウは**LIF6遺伝子**という遺伝子をもっていることが新たにわかったのです。

LIF6遺伝子？　はじめて聞きました。

LIF遺伝子とは，本来，生殖能力を高めるはたらきがあることで知られている遺伝子で，ほとんどの哺乳類が通常1組のLIF遺伝子をもっています。
しかし，研究の結果，ゾウはLIF遺伝子のコピーを**7〜11組**もっていることが明らかになりました。その中の一つがLIF6遺伝子です。このLIF6遺伝子は，本来の機能から少し変異して，がんを抑制するはたらきをもつと考えられました。

LIF遺伝子は生殖能力を高める遺伝子なんですよね？
ゾウのLIF6遺伝子はなぜ，がんの抑制に関係あるんですか？

実は，LIF6遺伝子には傷ついた細胞を殺すはたらきがあるようなのです。
先ほどもお話ししたように，細胞が傷つくと，p53の遺伝子がはたらいて，がん化を抑制します。**ゾウの場合，p53がLIF6遺伝子にはたらきかけると，LIF6遺伝子が活性化し，傷ついた細胞にアポトーシスをおこさせるというのです。**

それはすごい！
細胞が傷つくと，速攻で自滅させてしまうわけですか。
だからゾウはがんになりにくいのか！

そうですね。
LIF6遺伝子は，ゾウが進化の過程で獲得した独自の遺伝子だと考えられています。
ちなみに，ゾウはもともと大きな動物ではありませんでしたが，LIF6遺伝子を獲得し，がんになりにくいメカニズムを手に入れたことで大きくなれたとバスケス博士らは考えているようです。

面白いですね。人間も，こんな遺伝子をもっていたら，がんになりにくくなるのかなあ。

実際，このLIF6遺伝子のメカニズムを人間に応用しようという研究も進んでいるんですよ。

すごい！
がんが治る時代が，もしかしたらくるのかもしれないんですね。

不老不死の薬は夢ではないかもしれない

おさらいになりますが，細胞は，さまざまなストレスを受け続けて細胞が傷つくと，がん化を抑制する遺伝子がはたらき，細胞分裂を停止させます。また，それとは別に，傷つくことなく寿命をむかえて，分裂を終える細胞もあります。

これらのような，分裂せずにとどまっている細胞を，老化細胞といいます。そして，これらの老化細胞が，動脈硬化をはじめ，さまざまな加齢による疾患の原因になることもわかっています。

1時間目でもお話がありましたね。

先生，ちょっと思ったんですけど，老化細胞を薬のようなもので直接除去することはできないんですか？　そうすれば，加齢による病気にかからなくなって，寿命ものびるのではないでしょうか。

そうですね。確かに，これまでのマウスをつかった研究では，老化細胞を除去すると，動脈硬化や腎障害といった，加齢による病気の発症が遅れ，健康寿命がのびることが証明されています。

やっぱり！
じゃあ，老化細胞を取り除くような治療薬を開発すれば，不老不死は実現するってわけですか！

でも，そんなに単純なものではないんですよ。
というのも，老化細胞は，組織や臓器によって，さまざまな性質があることがわかっているんです。
たとえば，肝臓の老化細胞と，腎臓の老化細胞は，同じように老化はしています。しかし両者の老化細胞は，機能も構造もちがうんです。

共通しているわけじゃないんですね。

そうなんです。老化細胞を取り除く薬を開発する前に，まず，さまざまな種類の，膨大な数にのぼる老化細胞の情報を集め，それらを分析しなければならないのです。

確かに……。ものすごく大変そうですね。というか，そんな研究は可能なんですか？

そこで，東京大学医科学研究所の城村由和博士，中西真博士らの研究グループは，老化細胞だけを純粋培養するしくみを開発しました。

老化細胞だけを，純粋培養？

はい。そして，それらをスクリーニング（選別）した結果，老化細胞が生存するために必要としている遺伝子を発見したのです。それが，老化細胞の代謝に関与するGLS1という遺伝子です。

老化細胞の生存に必要な遺伝子ということは，それを取り除けば……。

そうです。**老齢マウスにGLS1遺伝子のはたらきを弱める阻害剤を投与したところ，さまざまな組織・臓器における老化細胞が除去され，老化現象が減少することがわかったのです。**

さらに，モデルマウスに対するGLS1阻害剤の効果を調べてみると，**肥満性糖尿病，動脈硬化症，非アルコール性脂肪肝（NASH）の症状を改善させるのに有効であることもわかりました。**

すごい！
不老不死の薬，もしかしたら夢物語じゃないかもしれないんですね。

そうですね。
この研究結果では，老化細胞の代謝の特徴や，弱点などが明らかになりました。ですから，それを標的にした薬を開発すれば，不老不死とまではいきませんが，健康寿命をのばしたり，加齢による疾患を予防できるのではないかと期待されているんです。

人類の老化の鍵をにぎる，ヒトゲノムのダークマター

先ほど，ゾウの老化細胞を積極的に死滅させる遺伝子についてお話ししました。このように，老化には遺伝子が大きくかかわっていることは，数々の研究から明らかにされています。

そうでしたね。でも先生，どうしてヒトには，LIF6遺伝子のような，老化細胞を即座に死滅させるような遺伝子がないのですか？

ヒトにこのような遺伝子がないのは，ヒトの場合，進化の過程で，老化細胞になんらかの役割があったのではないかと考える研究者もいます。
しかし，仮にそうだとしても，原因は明らかになってはいません。

むむむ。謎は深まるばかりですね。何も手がかりはないのですか？

そうですね。2003年に，ヒトの遺伝子はすべて解読されています。2003年の4月に，ヒトのDNAを構成するすべての塩基配列が解読されたと，アメリカやイギリス，日本などの研究チームが発表しました。

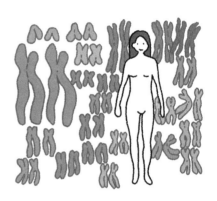

すごい！　20年も前に解読されているんですね。

しかし，ヒトのゲノムの大部分は，何の意味をもっているのか不明で，その機能や起源がわからないままになっているんです。
そのような領域は，ヒトゲノムのダークマター（暗黒物質）とよばれています。

ダークマター？

はい。ダークマターとは，宇宙を満たしているけれど観測することができない，正体不明の物質のことです。

世界中でその正体を探る研究や実験がおこなわれていますが，いまだに謎のままなのです。

同じように，遺伝子をコードしておらず，機能が謎に包まれたゲノムの領域を，ゲノムのダークマターとよんでいるのです。

なるほど。機能がわかっていない部分にこそ，謎を解く鍵がかくれているかもしれないのですね。

そうなんです。ゲノムのダークマターは，進化の過程で，広範囲にわたる再配列などにより生じたと考えられています。

そして実際，こうしたゲノムの機能未知な領域に，がんや自閉症，老化といったものに大きな影響をあたえている可能性があることがわかってきたのです。

今，暗黒部分の機能を探るさまざまな研究が進んでいます。それらの研究が進み，ゲノムのダークマターが解読されれば，老化を遅らせる方法が発見されると考えられているのです。

まさに宇宙の謎と同じなんですね！

275

「先回り」して病気を回避！

 3時間目に，病気になってからの治療だけでなく，病気を発見して，早めに治療を開始することも重要だとお話ししました。

 はい。**予防**という考え方も大事だということでした。

 そうですね。そのためには，健康に気をつけるだけではなく，自分がどんな病気にかかりやすいかを前もって知ることができたら，さらにいいと思いませんか？

 それはいいですね！　ただ漠然と病気にならないようにするよりも，具体的な病名がわかっていれば，それに合わせた対応ができるわけですからね……って，そんなこと可能なんですか？

 はい。ゲノムを解析することで，病気へのかかりやすさがある程度わかるのです。
先ほどもお話しした通り，2003年にヒトの全ゲノムの解析に成功しています。
ゲノムのダークマターの研究は進行中ではありますが，この解析のおかげで，病気とゲノムの関係が，ある程度わかってきたのです。アメリカでは，100ドル程度でできる個人向けのゲノム解析サービスも登場しています。

 すっ，すごい。

近年，シーケンサーといわれる，DNAの塩基配列を読み解くための機械の開発も進んでいます。2000年代に開発されたシーケンサーは，それ以前のシーケンサーとはことなる原理で塩基配列を読み取ることができ，ゲノム解析の速度は劇的にアップし，解析にかかるコストを大幅に下げることに成功しました。

現在の次世代シーケンサーは，1日あたり2兆以上の塩基を解読することができるといいます。

2兆以上も！？

はい。ちなみに，ヒトゲノムの塩基配列の数は約30億です。次世代シーケンサーは，がん細胞のゲノム解析や遺伝性疾患の研究などにもちいられているんですよ。

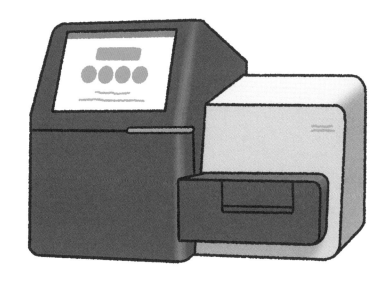

今ちょっとネットで調べてみましたが……，日本でも，数は多くありませんが，個人向けのゲノム解析キットが販売されていますね。キットを使って，尿や唾液を送ればいいんですね。

はい。体の特徴は人によってことなりますから，一般的に推奨されている健康法でも，自分には合わないこともありえます。
その点，自分のゲノムを解析すれば，自分がかかりやすい病気がわかるだけではなく，自分の体の特徴に合った健康法を選ぶことも可能になります。

なるほど〜。

ゲノム解析のほかにも，近年，私たちの体調を日々モニタリングできる機器も開発が進んでいます。
まだ若い世代の方は，それを使うとよいかもしれませんね。現在は，ウェアラブルデバイスとよばれる，日常的に身につける機器による健康管理が注目されています。

あっ！　腕時計みたいにつけるやつですか？

そうです。今，一般的に普及しているのは，やはりスマートウォッチとよばれる腕時計型のウェアラブルデバイスでしょう。
これには心拍数や脈拍数，消費カロリーなどを記録する機能が搭載されています。

そうそう，会社の上司が使っていますよ！
ジョギングのときに使っていて，「今日はこれだけ走った」とか，「タイムが着実にのびてる」とか，結構細かくチェックしてますよ。あれ，いいですよねえ。

さらに，スマートウォッチをもちいて，日常生活からさまざまな病気の兆候を探す機能の開発も進んでいます。
たとえばアメリカのアップル社は，スタンフォード大学との共同研究により，スマートウォッチをもちいて心房細動という心臓の病気の兆しを察知することができるアプリケーションを発表しています。

しんぼうさいどう？

はい。心臓は，左右・上下の四つの部屋に分かれていて，左右の上の部屋が心房（右心房・左心房），下の部分が心室（右心室，左心室）です。

ああ，聞いたことあります！

心房は体内をめぐってきた血液をためて心室に送る場所で，心室は血液を全身や肺に送りだす場所です。心房はタンク，心室はポンプのようなものですね。
心臓の壁はぶ厚い筋肉（心筋）でできていて，心臓の決まった場所から送られる電気信号に反応し，一定のリズムで伸縮して，体中へと血液を押しだしているのです。

へええ〜！

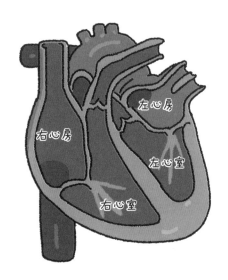

しかし，まれに別な場所から**異常な電波**が発生することがあるんですね。すると，電気信号が乱れて，心房がけいれんのような細かいふるえをおこし（不整脈），血液をうまく送りだせなくなってしまうんです。これが心房細動です。心房に血液がとどまると**血栓**ができやすくなり，血栓が心臓の外へ出てしまうと，血管が詰まって，場所によっては**脳梗塞**などの重い病気につながってしまうのです。

こわいですね！

でも，この専用アプリをもちいれば，**脈拍センサー**によって不整脈が検知されたときにユーザーに警告が送られるようになります。

アプリが危険を知らせてくれるなんて，安心ですね！

ほかにも，**心電図**を取得することができるものや，**パーキンソン病**（脳の異常により運動障害がおきる病気）の症状をモニターできるものもあります。
また，スマートウォッチ型の**血圧計**なども開発されています。

血圧計まで！　いろいろあるんですねえ。
スマートウォッチ，買っちゃおうかな。

ただし，**注意点**があります。医療機器認証を取得したものは，測定した血圧データを診察や診療に活用することができます。しかし，中には医療機器認証を取得していない製品もあり，それだと医療には活用できません。健康に不安があれば，まずは医療機関を受診することをおすすめします。

なるほど，わかりました！

それから，**スマートフォン**も，非常に役に立つ健康管理デバイスだといわれています。

スマホもですか！

 現在はほとんどの人が常にスマホをもっています。スマホは多様なセンサーを搭載しており，多くのデータを収集することができます。
まずは，いつも使っているスマートフォンを健康管理に役立ててみるのもいいかもしれません。

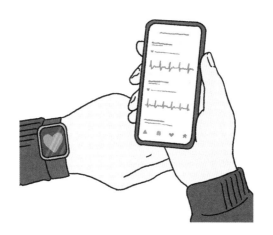

 そうですね。スマホゲームばかりじゃなくて，もっと有効に活用してみたいと思います。

次のページのグラフは，厚生労働省などがおこなった統計データによる，日本人の平均寿命の推移と未来予測です。この本の最初にお話ししたように，人間の寿命はここ数十年で急激にのびてきました。男女ともに20年以上ものびています。

20年とは長いですよね。

そうですよね。
また，平均寿命の移り変わりを見ると，1950年以降，60年以上にわたってのびつづけていますね。
このデータから，平均寿命は2050年には男性は84.02歳，女性は90.40歳となることが見こまれています。

あと20数年で，女性の平均寿命はついに，90歳をこえるんですね！

そうなんです。また，老化に関する研究や医療技術は日々進歩しており，予測をはるかに上回るスピードで寿命がのびる可能性も指摘されています。
たとえば，ハーバード大学医学部のデビッド・シンクレア教授は，今後数十年で，平均寿命は少なく見積もっても113歳までのびると主張しています。

113歳！？

4
時間目

進化する老化研究

平均寿命の推移

実績値

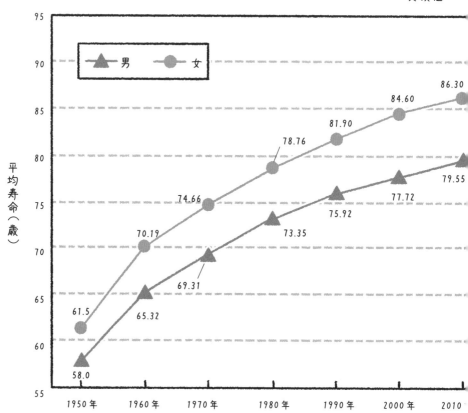

うーむ。いったいぜんたい，私たちの寿命はどこまでの
びていくのでしょう？
単純に考えて，何百年，何千年，何万年のスパンで見たら，
無限にのびていくとか……？

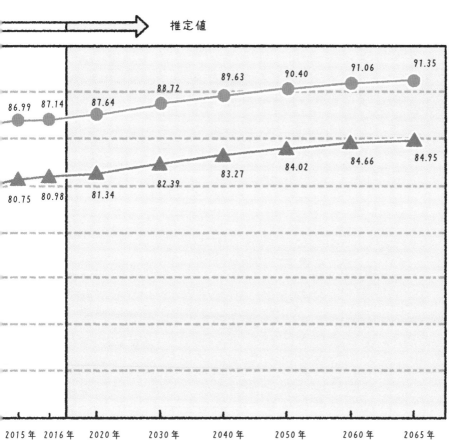

推定値

86.99　87.14　87.64　88.72　89.63　90.40　91.06　91.35

80.75　80.98　81.34　82.39　83.27　84.02　84.66　84.95

2015年　2016年　2020年　2030年　2040年　2050年　2060年　2065年

参考：1950年は厚生労働省「簡易生命表」，1960　2015年は厚生労働省「完全生命表」，2016年は厚生労働省「簡易生命表」，2020年以降は国立社会保障・人口問題研究所「日本の将来推計人口（平成29年推計）」の出生中位・死亡中位仮定による推計結果。1970年以前は沖縄県を除いた値。

 さすがに無限ということはないでしょうがね。しかし，このように，どんどん平均寿命がのびていくと，健康寿命をのばすための研究にも，より焦点を当てていく必要があるでしょう。

そうでしたね。平均寿命よりも，健康寿命が鍵になるということでした。

 その通りです。次のグラフは，2001 ～ 2019 年における，日本での平均寿命と健康寿命の推移です。

平均寿命と健康寿命の関係

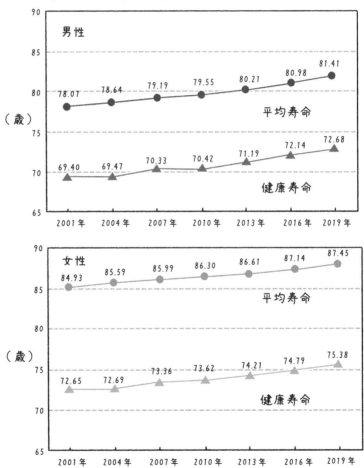

参考：平均寿命 2001，2004，2007，2010，2013 年，2019 年は厚生労働省「簡易生命表」，2016 年は「完全生命表」健康寿命 2001，2004，2007，2010 年は厚生労働科学研究費補助金循環器疾患・糖尿病等生活習慣病対策総合研究事業「健康寿命における将来予測と生活習慣病対策の費用対効果に関する研究」，2013 年，2016 年は「第 11 回健康日本 21（第二次）推進専門委員会資料，2019 年は厚生労働省「簡易生命表」

2019年では，平均寿命と健康寿命のあいだに，男性は8.73年，女性は12.07年もの差があります。
2001年ではその差は男性8.67年，女性12.28年ですから，この18年間では平均寿命と健康寿命の差はほぼちぢまっていません。

その差が大きいほど，健康でない期間が長く続いてしまうということですね。

そうなんです。はじめにお話ししたように，**大切なことは，平均寿命と健康寿命の差をちぢめていくことなんです。**
つまり，健康で活動的な一生を送ることができるようにすることが今後の老化科学の大きな課題となるでしょう。
しかし，健康寿命をのばすための研究は，平均寿命をのばす研究ほど進んでいないのが現状です。
基礎科学だけではなく，医療の体制や生活環境の整備など，社会全体で考えていく必要があります。

「永遠に美しく」は薬で実現できるのか

 今，薬を飲むだけで老化が防げるという**アンチエイジング薬**の開発のために，さまざまな研究が進められています。

 老化を防ぐ薬かぁ……。アンチエイジングって，化粧品のCMとかでよく聞きます。それから，「**ポリフェノール**が豊富だから」って，母がチョコレートをよく食べてますね。あれ，太らないのかな？

 確かに，アンチエイジングによいといわれるものに，ポリフェノールがあります。
チョコレートやコーヒー，赤ワインなどに含まれるポリフェノールには，アンチエイジング作用があると一般にはいわれています。

 そうなんですね。そもそもポリフェノールって，何なんですか？

ポリフェノールとは，分子の中に「フェノール基」とよばれる，酸化されやすい部分をたくさんもっている物質の総称です。
酸化されやすいフェノール基が多くあるので，活性酸素からの酸化ストレスをDNAなどのかわりにポリフェノールが受けることで，細胞の老化を防ぐのではないかといわれてきました。

なるほど！　やっぱり効果があるんだ！

しかし，ポリフェノールの老化に対する作用については，国立健康・栄養研究所は「十分なデータが見当たらない」と評価しています。

そうなんですか？

ただし，ブドウに含まれるポリフェノールである**レスベラトロール**は，抗酸化作用以外のはたらきをもつともいわれています。

ブドウのポリフェノールは，抗酸化作用以外に，どんなはたらきがあるんです？

実は，**レスベラトロールは，サーチュイン遺伝子からつくられるサーチュインタンパク質に作用し，その活動を活性化させるんです。**
サーチュイン遺伝子は，老化や寿命に影響をあたえる遺伝子で，「長寿遺伝子」ともいわれる遺伝子です。

2時間目でお話がありましたね！　サーチュインタンパク質がよくはたらくことが，老化を防ぐしくみの一つだということでしたね。

その通りです。カロリー制限をすると，サーチュイン遺伝子が活性化するとお話ししました。
つまり，レスベラトロールは，カロリー制限をおこなったのと同じ効果を得ることが期待できるのです。
レスベラトロールを服用すれば，サーチュインタンパク質を活性化させ，老化を防ぐということができるかもしれないのです。

ほんとですか！？

実際，マウスをつかった実験がおこなわれています。
マウスに高カロリー食をあたえると，肥満になって早死にしてしまいます。しかし，**高カロリー食とレスベラトロールを同時にあたえると，肥満にはなるものの，早死にしなくなることがわかりました。**

すごい！

また，通常の食事とレスベラトロールを摂取したマウスでは，寿命はのびませんでしたが，血管の弾力性が維持されるなど，老化を防ぐような作用が見られました。
ただし，レスベラトロールのヒトでの効果はまだよくわかっていません。

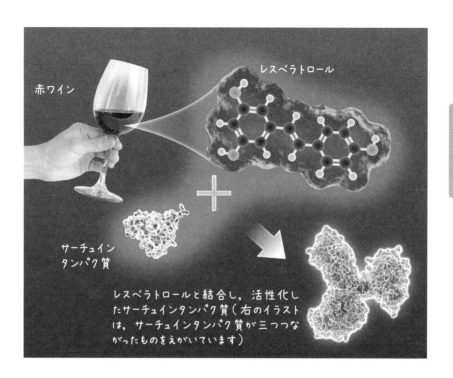

赤ワイン

レスベラトロール

サーチュイン
タンパク質

レスベラトロールと結合し，活性化し
たサーチュインタンパク質（右のイラスト
は，サーチュインタンパク質が三つつな
がったものをえがいています）

ヒトではまだ効果がわからないんですね……。

カロリー制限によって影響を受けるのはサーチュインだ
けではありません。mTOR（エムトー）というタンパ
ク質は，カロリー制限によってはたらきが低下します。
mTORは，細胞の増殖にかかわるはたらきをもつタンパ
ク質です。

いろいろな要素があるんですね……。

 はい。そして，この現象も，マウスの長寿化に影響をあたえているのではないかといわれています。
このため，mTORのはたらきを低下させる ラパマイシン という物質をマウスに投与するという実験がおこなわれました。すると，マウスの余命が9〜14％長くなったのです。

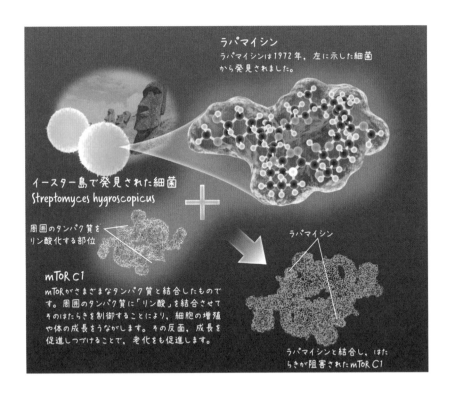

ラパマイシン
ラパマイシンは1972年，左に示した細菌から発見されました。

イースター島で発見された細菌
Streptomyces hygroscopicus

周囲のタンパク質を
リン酸化する部位

mTOR C1
mTORがさまざまなタンパク質と結合したものです。周囲のタンパク質に「リン酸」を結合させてそのはたらきを制御することにより，細胞の増殖や体の成長をうながします。その反面，成長を促進しつづけることで，老化をも促進します。

ラパマイシン

ラパマイシンと結合し，はたらきが阻害されたmTOR C1

寿命がのびたんですね！　それはヒトにも効果があるんですか？

それが，ラパマイシンは，もともと免疫機能を低下させたり，腎臓にも悪影響をあたえる恐れがあるので，多量に投与すると免疫系に有害な作用をおよぼしたり，腎臓にも悪い影響が出るかもしれないのです。

うまくいかないものですね……。

ほかにもアンチエイジング薬の候補にあげられる物質はいくつかあります。しかし今のところ，飲むだけで老化を防げるような薬はないようですね。

自然にさからうのはむずかしいことなんですね。

「老い」はなくなるのか？

老いに関する研究って，いくつもあるんですね。ここまで進んでいるとは知りませんでした。

今までお話ししてきたように，科学者たちは，老化現象のしくみや老化への対策などのために，老いのしくみを解き明かし，老いの影響を最小限にするために日々研究を続けています。そして，その成果は着実にあらわれてきています。

先生，未来の世界での「老い」はどうなっていくのでしょうね？

そうですね。たとえば，老いを"病気"のようにとらえて，影響があらわれたらそのつど治療する，というようなビジョンをもつ研究者もいます。さらにその中には，老化した細胞を若返らせるような研究も進められていて，その方法の一つにエピゲノム編集というものがあります。

エピゲノム？　なんか聞いたような……。

2時間目に，エピジェネティクスについてお話ししましたね。DNAの一部に化学物質が結合し，遺伝子のはたらきが調節されるしくみのことで，DNAのメチル化やヒストン修飾などがありました（121〜123ページ）。エピゲノムは，その調節がほどこされた状態のことをいいます。

そうでした！　遺伝子のはたらきをスイッチみたいに切り替えるんですよね！

その通りです！　おさらいしておくと，DNAや，DNAが巻きついているヒストンに，ある種の化学物質が結合したりすると，DNAがもつ遺伝情報のうちどこを読み取るのかが調節されます。
このようにして調節された遺伝情報のことをエピゲノムといい，エピゲノムの変化は老化にもかかわっていると考えられています。

そうでした。でも，「編集」って，どういうことですか？

エピゲノム編集は，変化してしまったエピゲノムを書きかえることをいいます。
エピゲノム編集をすることで，細胞の老化を巻き戻すことをめざした研究が進められているのです。

細胞の老化を巻き戻す!?

はい。たとえば，DNAに「メチル基」が結合してエピゲノムが変化する「メチル化」の編集には，CRISPR-Cas9（クリスパー・キャスナイン）という手法が使われます。

くりすぱー……。もう何がなんだか……。

この手法は，DNAのねらった部分に結合して，ハサミのようにその部分を切断することができる，遺伝子編集用のツールで，遺伝子を書きかえる「ゲノム編集」の技術にもちいられています。

えっ，そんなことができるんですか？

このツールは，ハサミにあたる部分を変異させることでDNAを切断する能力を失わせ，かわりにメチル基を取り除く酵素を組み合わせることで，エピゲノムを書きかえることができるのです。

ちょっとむずかしいですが，つまりCRISPR-Cas9という手法を使って人工的に手を加え，老化を調節したりすることができるということなんですね。

そうです。そのほかにも，ヒストンのアセチル化を編集する手法なども考えられており，エピゲノム編集に関する研究は今後さらに進んでいくものと思われます。
人類がはじめて直面する超高齢化社会を前に，長く健康に生きるという目標に向けて，人類はこれからも着実に歩みを進めていくことでしょう。

私はまだ20代なので，70歳なんてはるか未来のこととしか思えませんでした。
でも先生のお話を聞いて，老化が社会問題になっており，今のうちから備えておかなければいけないことがわかりました。今はいろいろな研究が進んでいて，老いをやみくもにこわがる必要がないこともわかりました。

老いがなくなるとまではいいませんが，年をとってもできるかぎり健康を保つことができるようになる日は，そう遠くないのかもしれません。

老いの問題を，若い人たちも一緒になって考えていきましょう。

そうですね。老いの現象や，衰えていく体に合わせて変わってゆく心理についても，とても不思議で興味深かったです。

老いに向けて，よい心構えができました。

先生，ありがとうございました！

索引

A～Z

BubR1（バブアール・ワン）
.... 114
CD4陽性キラーT細胞 ... 102
CRISPR-Cas9（クリスパー・
キャスナイン）................. 295
Decade of healthy ageing
(2020-2030) ....22～23
GLS1 272
LIF6遺伝子 268
mTOR（エムトー）........... 291
p53.............................. 266
QOL（キュー・オー・エル）
.... 247,249
SOC理論 .... 209～212

あ

アミロイドβ 177
アルツハイマー病（アルツハイ
マー型認知症）............... 173
アルトゥール・ルービンシュタイン
.... 213
アロイス・アルツハイマー
.... 180～181
意味記憶 41
ウェアラブルデバイス 278
ウェルナー症候群 111
ウォーキング .... 168～169
うつ病 187
エイジング・パラドックス
.... 207～208
エピゲノム編集 294
エピジェネティクス... 121,123
エピソード記憶................. 40
エリク・H・エリクソン 230
オーウェン・R・ジョーンズ... 261

か

海馬 37

獲得免疫 71

活性酸素 15

感情調整 222

逆流性食道炎 66

結晶性知能 204

健康寿命 21,24

健康な高齢化（ヘルシーエイジング） 24

高次脳機能 195

高齢者 18

光老化 48

骨粗しょう症 51

骨リモデリング 51

さ

細胞死（アポトーシス） 83

作業記憶（ワーキングメモリー）
.... 41

サルコペニア ....53〜54

酸化ストレス 15

サーチュイン遺伝子
（長寿遺伝子） 94

歯周病.................. 151,154

システマティック処理
.... 193〜194

自然免疫 71

社会情動的選択性理論
.... 220〜221

主観年齢 ....236〜237

准高齢者 18

生涯発達 227

食事日記 170

ジョン・レナード・ホーン.... 204

ジョージ・エンゲル 182

心腎連関症候群 107

心理社会的発達段階理論
.... 230〜231

シーケンサー.................. 277

スクワット 164

スティーブ・ホルバス 126

スロートレーニング
.... 160,163

スーパーセンテナリアン 99

生物学的な年齢 125

生物・心理・社会モデル 182

た

体内時計（生物時計）........ 78

短期記憶 41

ターンオーバー 45

超高齢者 18

超百寿者 99

手続き記憶 40

デフォルトモード・ネットワーク
.... 242

テロメア 82,116

特性5因子モデル 223

な

認知症......................... 173

ネガティブ・バイアス 216

脳由来神経栄養因子（BDNF）
.... 167

は

排尿トラブル 77

反芻思考 242

パーセル指数 100

ヒストン装飾 .... 122〜123

ヒトゲノムのダークマター
（暗黒物質） 274

百寿者 99

ヒューリスティック処理
.... 193〜194

ファン・マヌエル・バスケス
.... 267

フレイル ....26〜27

フレイルドミノ 30

プロダクティブ・エイジング
.... 252,255

平均余命 24

ポジティビティ効果
.... 210,216〜217

ホルバスの時計 126

ポール・バルテス............. 211

ま〜や

マインドフルネス 241,245

無酸素運動 .... 158〜159

メチル化 .... 122〜123

有酸素運動 .... 158〜159

ら

ラルス・トルンスタム........ 228

流動性知能 204

レイモンド・キャッテル...... 204

レジスタンス運動 159

レスベラトロール 289

老化細胞 270

老眼 58,63

老人性難聴 61,63

老年的超越 .... 228〜229

ロコモティブシンドローム... 50

ロバート・バトラー ... 253,255

ローラ・カーステンセン 218

索引

やさしくわかる！
文系のための
東大の先生が教える

減量の科学

2023年12月上旬発売予定　A5判・304ページ　本体1650円（税込）

　新型コロナウイルス感染症の流行から在宅ワークがふえ，ここ何年かで「太った」と感じている人は多いかもしれません。しかし世の中にはさまざまな「やせるための情報」があふれ，何を信じていいのか迷うこともあるでしょう。

　たとえばプチ断食をつづけると，絶食日にタンパク質が崩壊し，さらに摂食日に食べすぎることで，脂肪がふえてしまいます。その影響で心血管疾患のリスクが高まることもあるので，注意が必要です。また睡眠時間が短くなると，食欲をおさえるホルモンが減少し，反対に食欲を増進するホルモンがふえるため，良質な睡眠をとることが重要になります。

　本書では，減量における科学的な知識や健康的にやせる方法について，生徒と先生の対話を通してやさしく解説します。減量にまつわる体のしくみ，脳のしくみを知ることで，無理のない健康的な減量を目指しましょう。お楽しみに！

主な内容

"肥満" と "減量" を科学的に理解しよう

太るとはどういうことか
減量効果を科学的に考える

やせるために知っておきたい "代謝のしくみ"

代謝って何？
食べすぎたぶんは「脂肪」になる

やせるために知っておきたい "脳のクセ"

食べすぎるのは "脳" のせい!?
食べすぎは薬物依存と似ている

健康的にやせるための食事と運動

健康的にやせるための食事の秘訣
運動の効果を知って効率よくやせよう

Staff

Editorial Management	中村真哉
Editorial Staff	井上達彦，宮川万穂
Cover Design	田久保純子
Writer	小林直樹

Illustration

表紙カバー	松井久美	85~89	Newton Pres	202	羽田野乃花
表紙	松井久美	91	松井久美	206~226	松井久美
生徒と先生	松井久美	92	羽田野乃花，松井久美	231	羽田野乃花
4~5	松井久美	96	羽田野乃花	234~240	松井久美
6~7	羽田野乃花，松井久美	97	Newton Press	241~242	羽田野乃花
8~10	松井久美	99~108	松井久美	246~255	松井久美
11	羽田野乃花，松井久美	109	佐藤蘭名	257	羽田野乃花
13~20	松井久美	110	松井久美	259~272	松井久美
22	Newton Press	113~116	羽田野乃花	274~275	羽田野乃花
25	松井久美	121~129	松井久美	277	松井久美
28	Newton Press	130	Newton Press	280	羽田野乃花
30~32	松井久美	131~145	松井久美	281~288	松井久美
34~39	佐藤蘭名	149	羽田野乃花	291~292	Newton Press
42	松井久美	152~157	松井久美	297~303	松井久美
43	羽田野乃花	164	羽田野乃花		
44	松井久美	165~166	宮川愛理		
45~48	羽田野乃花	169	松井久美		
54	Newton Press	175	Newton Press		
56	松井久美	176	松井久美		
59~61	羽田野乃花，松井久美	178	羽田野乃花，Newton Press		
63	Newton Press	181~185	松井久美		
64~66	松井久美	186	羽田野乃花，松井久美		
67	羽田野乃花	188~189	Newton Press		
72~81	Newton Press	192~197	松井久美		
82	羽田野乃花	201	佐藤蘭名		

監修（敬称略）：
　飯島勝矢（東京大学教授）

やさしくわかる！
文系のための 東大の先生が教える
70歳の取扱説明書

2023年12月5日発行

発行人	高森康雄
編集人	中村真哉
発行所	株式会社 ニュートンプレス　〒112-0012東京都文京区大塚3-11-6
	https://www.newtonpress.co.jp/
	電話　03-5940-2451